建筑遮阳产品系列标准应用实施指南

住房和城乡建设部标准定额研究所

中国建筑工业出版社

图书在版编目（CIP）数据

建筑遮阳产品系列标准应用实施指南/住房和城乡建设部标准定额研究所. —北京：中国建筑工业出版社，2018.8
ISBN 978-7-112-22127-1

Ⅰ.①建… Ⅱ.①住… Ⅲ.①建筑-遮阳-工业产品-标准-指南 Ⅳ.①TU226-65

中国版本图书馆 CIP 数据核字（2018）第 081084 号

责任编辑：张文胜
责任校对：李美娜

建筑遮阳产品系列标准应用实施指南

住房和城乡建设部标准定额研究所

*

中国建筑工业出版社出版、发行（北京海淀三里河路 9 号）

各地新华书店、建筑书店经销

北京科地亚盟排版公司制版

北京京华铭诚工贸有限公司印刷

*

开本：787×1092 毫米　1/16　印张：10½　字数：262 千字
2018 年 6 月第一版　　2018 年 6 月第一次印刷
定价：**35.00** 元
ISBN 978-7-112-22127-1
（32028）

《建筑遮阳产品系列标准应用实施指南》
编委会

主 任 委 员：李　铮
副主任委员：曹　彬
编 制 组 长：展　磊　罗文斌
编制组成员：段　恺　李峥嵘　郭　伟　赵　霞
　　　　　　（以下排名不分先后）

郭　景	王洪涛	陆津龙	岳　鹏	张惠锋
郝江婷	王　伶	刘会涛	刘顺利	陶勤练
卢　求	李　明	王丽娟	孙　亮	齐典伟
朱　晗	张佳岩	刘　炜	王　凯	徐　铭
赵　群	郭晓武	徐恩凯	潘　福	杜万明
母立平	罗放清	桑方圆	张国辉	吴永隆
倪耀东	罗春燕	孟庆林	张　磊	李　岩
王旭晟	任　静	黄　凯	文世宽	

评审组成员：杨仕超　顾泰昌　刘新生　蒋　荃　蔡昭昀
　　　　　　许锦锋　任　俊

编　制　单　位

住房和城乡建设部标准定额研究所
中国建筑标准设计研究院有限公司
（以下排名不分先后）
上海市建筑科学研究院（集团）有限公司
中国建筑科学研究院有限公司
中国建材检验认证集团股份有限公司

3

北京中建建筑科学研究院有限公司
广东省建筑科学研究院集团股份有限公司
江苏省建筑科学研究院有限公司
同济大学
中国建筑节能协会建筑遮阳与门窗幕墙专业委员会
北京五合国际建筑设计咨询有限公司
深圳市建筑科学研究院股份有限公司
华南理工大学
上海市装饰装修行业协会
北京米兰之窗节能建材有限公司
广东坚朗五金制品股份有限公司
广东创明遮阳科技有限公司
宁波市房屋建筑设计研究院有限公司
江苏捷阳科技股份有限公司
深圳市高新建混凝土有限公司
江苏爱榥节能科技有限公司
国安奇纬光电新材料有限公司
江苏中诚建材集团有限公司
北京汉能薄膜太阳能电力工程有限公司
上海青鹰实业股份有限公司
江苏建科节能技术有限公司

前　　言

随着建筑遮阳行业的蓬勃发展，建筑遮阳产品标准体系不断健全和发展，为建筑遮阳行业健康、快速发展奠定了坚实的基础。为了配合国家现行建筑遮阳标准的应用和实施，专业、系统、全面地指导建筑遮阳技术发展和工程质量，让从事建筑遮阳和对该行业感兴趣的相关人员从标准的角度全面、透彻、准确地解读和应用国家现行建筑遮阳标准，住房和城乡建设部标准定额司组织编写了《建筑遮阳产品系列标准应用实施指南》（以下简称《指南》），用于指导建筑师、设计师、材料及配件供应商、产品制造商、性能检测单位、施工与验收部门，以及建筑遮阳科研人员等准确理解建筑遮阳产品标准，并结合技术、行业发展方向和实际工程需要进行合理应用。

《指南》共分8章，第1章对国内外建筑遮阳发展及标准进行了概述；第2章明确了建筑遮阳的类别；第3章介绍了建筑遮阳材料配件及控制系统相关标准要求及选用要点；第4章阐述了建筑遮阳产品各性能指标要求及测试方法；第5章介绍了不同建筑气候区、不同建筑类型及不同建筑遮阳措施的设计要点；第6章给出了建筑遮阳施工、验收及保养与维护要求；第7章介绍了值得借鉴的建筑遮阳工程实例；第8章归纳了建筑遮阳的发展方向。

《指南》的编写及应用有关事项说明如下：

1. 本《指南》是以国家现行建筑遮阳系列产品标准为立足点，以其在工程中的合理应用为目的编写；

2. 本《指南》重点介绍建筑遮阳相关标准的应用，对标准本身的内容仅作简要说明，详细内容可参阅标准全文，本《指南》不能替代标准条文；

3. 本《指南》对涉及的相关标准的状态进行了说明，也参考了部分即将颁布的标准，相关内容仅供参考，使用中应以最终发布的标准文本为准；

4. 本《指南》列出了建筑遮阳的工程案例，目的是通过对案例进行分析和讲解，指导《指南》使用者正确合理地采用遮阳技术和产品，旨在引导和促进建筑遮阳技术的应用和行业发展；

5. 本《指南》中的案例说明不得转为任何单位的产品宣传内容；

6. 本《指南》及内容均不能作为使用者规避或免除相关义务与责任的依据。

我所作为住房和城乡建设部工程建设标准化研究与组织机构，在长期标准化研究与管理经验的基础上，结合工程建设标准化改革实践，组织相关领域的权威机构和人员，通过严谨的研究与编制程序，陆续推出各专业领域的系列标准应用实施指南，以作为指导广大工程技术与管理人员建设实践活动的重要参考，推进建设科技新成果的实际应用，引导工程技术发展方向，促进工程建设标准的准确实施。

住房和城乡建设部标准定额研究所

2018 年 5 月

目　　录

第1章 概述

建筑遮阳是为了达到节约能源和改善室内环境的目的而采取的技术手段，在《建筑构造》中"建筑遮阳"是指"为了避免阳光直射室内，防止局部过热和眩光的产生，以及保护物品而采取的建筑措施"，是通过阻断直射阳光透过玻璃进入室内和加热建筑围护结构，防止直射阳光造成的强烈眩光以及紫外线对室内物品的破坏作用。广义上，建筑遮阳是协同考虑建筑功能、技术以及形态配置，并与相关建筑构件、配件及建筑外环境互为补充、共同作用的系统。狭义上，建筑遮阳的范围主要指采光口、建筑物出入口等外墙开洞部分的隔热、防热设施，是指采用建筑构件或安置设施以遮挡或调节进入室内的太阳辐射的措施。

建筑遮阳简单而有效，是建筑节能的关键技术之一。随着建筑技术的发展和遮阳产品的研发应用，建筑遮阳技术在公共建筑和居住建筑中的应用也越来越广泛。建筑遮阳技术已成为建筑适应环境、改善室内环境的必然。在夏季，建筑遮阳是隔热最有效的措施，对减少空调能耗发挥着重要作用。根据欧洲遮阳组织 2005 年的《欧洲 25 国遮阳系统节能及二氧化碳排放研究报告》，欧洲有超过一半的建筑采用了遮阳产品，采用遮阳的建筑，总体可降低空调负荷约 25%，节约供暖用能约 10%。与此同时，建筑遮阳对调节室内光环境效果明显，可防止眩光产生、节约照明能耗。此外，建筑遮阳对促进自然通风等有积极作用。在传统建筑中，大挑檐、大坡屋顶、宽廊道、大阳台、外廊、挡板构件等都具有遮阳、防雨、通风、采光等功能；在现代建筑中，建筑遮阳也是透明围护结构必不可少的节能措施和室内环境改善手段。

经过多年的传承和发展，建筑遮阳已在一些发达国家广泛使用，欧洲一些国家甚至家家户户采用遮阳，建筑遮阳产业已然是一个大规模工业化生产的重要行业。我国建筑遮阳产业始于 20 世纪 90 年代，国外遮阳与我国少数遮阳企业共同拉开了我国建筑遮阳产业发展的序幕。随着建筑节能工作的推进，20 多年来我国建筑遮阳行业不断发展壮大，现在已经颇具规模，遮阳产品、半成品和原料远销海内外，甚至承揽了海外遮阳工程。据了解，目前我国一定规模的遮阳材料企业有 1000 多家，总产值 160 多亿元，主要是中小企业，从业人员近 10 万人。如果国家对遮阳行业的技术推广力度增加，那么预计 2020 年各种遮阳产品总产值可达千亿元，成为国家新的经济增长点。随着人们生活水平的提高和建筑节能观念深入人心，现代意义建筑遮阳设备和产品在我国稳步发展，遮阳产品种类逐渐丰富，产量逐步增加，为国家的节能减排和经济可持续发展做出了重要贡献。

1.1 国外建筑遮阳发展概况

1.1.1 西方历史上早期的建筑遮阳

人类对建筑遮阳的关注由来已久。人类早期建造房屋主要希望达到遮风避雨、冬季抵抗严寒、夏季抵挡暴晒。在没有发明空调设备以前，人类只能依靠固定的建筑构筑物或可移动的木板或编织物来遮挡夏季强烈的太阳辐射，以获得相对舒适的环境。西方最早对建筑遮阳问题的文字记载来源于古希腊时期的作家色诺芬（Xenophon，公元前 427—前 355），在其著作《回忆苏格拉底》中提到关于设置柱廊以遮挡角度较高的夏季阳光而又使角度较低的冬季阳光射入室内的问题。公元前 1 世纪，古罗马建筑师、工程师维特鲁威（Vitruvius）在其名著《建筑十书》（见图 1.1）中写到炎热的气候对于人类健康不利，在选址部分、城市街道布局以及书中许多章节都提到建筑要避免和控制南向太阳辐射热的建议。文艺复兴时期，阿尔伯蒂的《论建筑》（约公元 1450 年）是西方建筑发展史中最重要的著作之一（见图 1.2），书中系统地论述了建筑美学、工程技术的相关理论与实践，也阐明了为使房间保持凉爽，建筑应如何选址、布局、开窗以及遮阳防晒。

图 1.1　古罗马《建筑十书》　　　图 1.2　文艺复兴时期的《论建筑》

1.1.2　工业革命以前的建筑遮阳

从古罗马到 18 世纪工业革命以前 2000 多年的时间里，受限于传统建筑的结构和构造形式，采用厚重的砖石结构，建筑开窗面积较小、墙体厚重、热惰性好，因太阳辐射导致室内过热的情况并不十分突出。在欧洲南部地区居住建筑在窗户外侧通常加装可开启的木制百叶或木板窗扇，以达到遮阳的效果。图 1.3 所示为传统建筑采用厚重的砖石结构，建筑开窗面积较小，外侧通常加装木制百叶或木板遮阳窗扇，以应对强烈的太阳辐射。

图 1.3　木制百叶遮阳窗扇

1.1.3　现代主义建筑与建筑构件遮阳

工业革命和现代经济活动的快速发展，人类城市建设活动大规模展开，建筑的功能与类型大为拓展。钢筋混凝土结构、金属材料和玻璃技术的进步和大规模应用，以及现代建筑理论与思潮的影响，导致出现了带有大面积玻璃窗、玻璃天窗以及全玻璃幕墙的大型建筑。随着现代化的办公、商业、居住等建筑对于室内环境舒适度要求的提高，现代化的遮阳技术和产品应运而生。

20 世纪初，西方建筑师们也在遮阳设计上进行了探索。美国著名建筑师赖特（Frank Lloyd Wright）尝试摒弃欧洲古典建筑风格，从东方建筑中汲取灵感，在其开创的草原风格住宅（Prairie Houses）设计中，根据建筑所处地点春秋分等特定时间的太阳高度角以及各房间对阳光的需求设计了错落有致、深浅不一的挑檐，这些造型舒展的屋顶不仅形成了独特的建筑风格，也具有较好的遮阳作用（见图 1.4）。

以法国建筑师、画家及雕塑家勒·柯布西耶（Le Corbusier）为代表的一批现代建筑先驱，摒弃了传统砖石建筑结构基础之上的装饰构件，利用混凝土、钢结构、玻璃等现代建筑技术，结合 20 世纪初构成派、立体主义等现代艺术思潮，创立了现代主义建筑风格。现代主义建筑，通过梁柱结构体系，将外墙从承重功能中脱离出来，因而外窗可以无限放大，甚至形成玻璃幕墙，不透明外墙也可以做得很薄、很轻，这样的建筑形成了全新的建筑美学语言与表现方式，但在当时的技术条件下，建筑的热工性能不理想。

建筑师们尝试通过挑檐、窗户外侧的水平或垂直挡板等建筑构件达到减少太阳辐射的遮阳作用，特别是在炎热地区，太阳辐射强烈，建筑构件遮阳成为一种相对简单有效、造价低廉的解决方案。勒·柯布西耶等建筑师更是将遮阳板作为现代建筑的重要艺术表现手段，成为那些年代的建筑时尚。图 1.5 是勒·柯布西耶在柏林设计的集合住宅，将遮阳板作为现代建筑的重要艺术表现手段的著名案例。图 1.6 是勒·柯布西耶在巴西里约设计的公共建筑，通过挑檐、窗户外侧的水平或垂直挡板等建筑构件达到减少太阳辐射的遮阳作用，成为炎热地区简单有效、造价低廉的办公建筑遮阳解决方案。

图 1.4　罗比住宅　　　　　　　图 1.5　柏林集合住宅

1.1.4　工程材料及其加工技术进步对遮阳发展的影响

18 和 19 世纪，工业革命从萌芽状态逐步发展，借助动力设备和机械化生产，人们开始开发新的建筑材料和设施，用机械化、工业化方式生产和改进传统的木制遮阳百叶窗等遮阳产品。例如瑞士 Schenker 公司从 1881 年开始生产当时非常创新的建筑遮阳产品（Storen），并在 1895 年注册了其第一个遮阳结构构造专利。

瑞士 Schenker 公司从 1881 年开始专业生产遮阳产品，1974 年推出的 GM100 系列全金属遮阳，1976 年推出了复

图 1.6　巴西里约公共建筑

3

合材料百叶帘。德国 Warema 公司，1955 年创立，专业生产铝合金遮阳帘，如今是欧洲最大的建筑遮阳生产企业之一。

1911 年创立于德国杜塞尔多夫的 Sonnenberg 金属机械加工厂，1940 年迁往美国，这是亨特-道格拉斯（Hunterdouglas）公司的前身，1946 年该公司研发出新的铝合金加工技术和设备，在此基础上推出的铝合金百叶遮阳帘在美国、加拿大市场上获得大规模应用，当时有超过 1000 家工厂夜以继日地组装加工遮阳帘产品（见图 1.7）。1971 年这家企业又迁回欧洲，落户荷兰阿姆斯特丹，成为当今知名的铝合金建筑产品供货商，包括建筑遮阳产品。

图 1.7　早期手工组装铝合金百叶帘遮阳

1.1.5　现代建筑技术与居住质量需求推动遮阳发展

随着 1911 年建筑空调设备的诞生，人类可以通过现代化技术手段，在室内产生冷气，抵消太阳辐射到室内的热量，建筑开窗面积可以进一步不受限制。第二次世界大战之后，西方国家开始大规模城市建设，社会经济快速起飞，在现代主义建筑思潮的影响下，西方国家开始流行大面积玻璃幕墙以至于全玻璃盒子式建筑，采用全封闭式建筑空调技术体系。大面积的玻璃窗、幕墙为建筑室内空间带来前所未有的通透感和明亮的阳光，也带来太阳辐射引起的前所未有的室内过热和空调能耗。

到 20 世纪 70 年代石油危机爆发，能源成本大幅升高，以及全空调大厦所带来的建筑综合症导致员工健康水平降低、工作效率下降等问题的凸显，西方国家开始关注建筑节能和室内健康工作环境，展开了该领域多方面的研究工作，包括建筑遮阳、自然采光优化、室内光环境控制、避免眩光、自然通风等，建筑遮阳的重要性日益突出，各国先后出台了有关建筑法规，对建筑遮阳发展起到了有力的推动作用。

回顾西方国家建筑遮阳发展历史，可以看出工业革命开启城镇化发展，特别是第二次世界大战之后经济起飞与城市建设，推动了建筑行业及建筑技术的发展，铝合金材料、现代化合成纤维布料及其加工技术的进步推动了建筑遮阳产品的大规模应用；对高品质室内环境的追求、节能环保的要求是推动建筑遮阳设备发展的动力；工程材料及加工技术的进步、建筑设计、建筑节能及遮阳技术标准促进了遮阳产品及行业高品质与健康的发展。近十多年来，绿色建筑、可持续理念及价值观逐步得到主流社会认同，建筑节能、室内舒适环境研究不断深入，特别是计算机模拟技术的发展应用，使建筑遮阳理论、产品研发有了突飞猛进的发展。

1.2　我国建筑遮阳发展概况

我国幅员过阔，气候差异性大，关于建筑遮阳的研究由来已久。各地的遮阳角度、遮阳时间不尽相同。千百年来，尽管各地民居建筑的遮阳形式差别很大，但依旧是有规律可循。民间传统遮阳种类繁多，许多已经成为中国建筑的传统元素，如深挑檐、腰檐、重檐等传统形式都在遮阳方面有明显的效果。进入现代后，我国建筑遮阳的发展大体可分为 4 个阶段：经历了无产品概念和需求的初始阶段，到塑料、铝合金百叶窗帘出现在市场的萌芽阶段，到第一幢玻璃幕墙大厦应用建筑遮阳的发展阶段，以及出现工程建筑遮阳、建立遮阳标准体系、行业欣欣向荣的成熟阶段，见图 1.8。

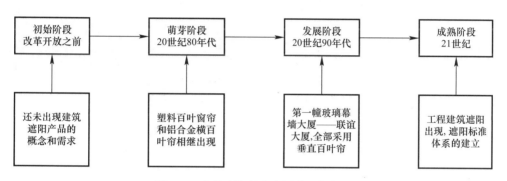

图 1.8　建筑遮阳行业发展阶段与标志

1.2.1　传统遮阳形式

挑檐在中国传统建筑中是常见的建筑元素，建筑物的大屋檐能起到有效的遮阳作用。早在春秋战国、秦时期，这种建筑形式就已经产生。尽管不少人认为挑檐的主要功能是防雨水侵蚀墙面，但老一辈建筑师刘致平先生还是较为深入地研究了挑檐与日照的关系，肯定了挑檐的遮阳作用。而且刘先生关于挑檐长度与地理纬度、太阳高度角关系的研究手稿《中国居住建筑简史——城市、住宅、园林》也是至今发现的我国近代最早的建筑遮阳研究文献资料。除了具有防雨作用，深挑檐、腰檐、重檐等都在遮阳方面有明显的效果，如图 1.9（a）所示。

古代匠人通过实践和总结，利用院落这一中国传统江南民居的特点来进行遮阳。院落空间较小，南北向相对较短，建筑的阴影正好投射在院落中，造成了阴凉的小天井。这些民居以横长方形天井为核心，四面或左右后三面围以楼房，阳光射入较少，民居正房即堂屋朝向天井，完全开敞，各屋都向天井排水，即所谓的"四水归堂"，如图 1.9（b）所示。

江南园林中廊的产生来源于生活，其创造的最初目的就是作为遮阳避雨的交通通道，为烈日或雪雨中的人们提供了便利。配以雕花、绘画等装饰，增加了园林的景观层次，丰富了游人的景观体验，同时使整个园林形成一个整体，使空间富于层次、灵动，如图 1.9（c）所示。由此可见，传统建筑中处处凝结了前人留下的遮阳设计的影子，可谓是不胜枚举。

图 1.9　传统遮阳形式举例

（a）腰檐、重檐；（b）传统江南民居的院落；（c）江南园林中廊；（d）广东骑楼

1.2.2　初始阶段

岭南现代建筑中，因为采光和通风的需要，外墙开窗数量多、面积大，透过窗户进入室内的辐射热也多。屋顶是钢筋混凝土平板，日照时间长、吸热面积大，向室内辐射的热量就多。中华人民共和国成立初期，以夏昌世等一批早期留学回国人员为核心，根据岭南建筑特点，分别创作了窗口水平和垂直相结合的综合遮阳和屋顶连续拱遮阳的先例，创立了岭南现代建筑的遮阳防热理论，这被后来的建筑遮阳研究人员称之为"夏氏遮阳"。据夏季实测，有综合遮阳的窗口，其外表面温度比无遮阳的窗口温度低2℃～3℃，有连续拱遮阳的屋面板，其外表面比无遮阳的屋面板低11℃左右。建筑前辈建立了一条岭南现代建筑创作、亚热带建筑科学研究、学术研究与设计实践相结合等整体发展的学科建设道路，他们强调建筑与气候和环境的结合，讲究实用和经济，重视社会实践，反映了岭南文化的特色。

这个阶段对建筑遮阳的研究主要是如何使建筑构件、建筑功能、建筑环境能共同作用，还未出现建筑遮阳产品的概念和需求，老百姓对遮阳的理解无非就是"一根铅丝一块布，挡住太阳就算数"，根本就没有科技、艺术和人文的概念。当时的中国是一个物质贫乏的社会，老百姓最基本的衣食住行的需求都无法完全满足，对于像遮阳这样更高一层的生活要求自然无从谈起，所以那时贫困的经济、落后的观念和惨淡的生产经营，就是中国遮阳初始阶段的写照。

1.2.3　萌芽阶段

20 世纪 70 年代以来，环境的污染给建筑人敲响了警钟，建筑人开始意识到建筑可持续发展模式的重要性。他们开始对建筑遮阳包括太阳高度角、太阳辐射热、地球运行轨迹、遮阳系数等进行了系统的研究。柳孝图在《建筑物理》中，对于与建筑遮阳密切相关的因素——日照有详尽的研究传述。他通过分析太阳与地球的运行规律，得出不同地区建筑日照特点及其相适合的建筑遮阳措施，并形成了初步的建筑遮阳计算方法。另外，建筑师们在继承、发扬传统建筑遮阳的同时，也在探索新的遮阳方式和遮阳材料，以适应不同建筑风格，使建筑遮阳不仅满足功能要求，还可达到一定的装饰效果。

改革开放后，春潮涌动，中国的社会经济突飞猛进，中国人的生活得到了极大改善。这时，老百姓对居住环境产生了新的要求，对遮阳产生了新的认识，遮阳产品也开始以完整的产品形态登上历史舞台。20 世纪 80 年代中后期，塑料百叶窗帘和铝合金横百叶帘相继出现在中国市场，走进千家万户，中国遮阳行业开始闪现星星之火。但那时的遮阳产品生产还完全处于手工作坊模式：两三个人，凑四五百块钱，租二三十平方米店面，一家窗帘店就开出来了。设备差、资金少、规模小，是当时的普遍状况。但无论如何，中国遮阳行业进入了萌芽阶段，那一颗颗幼小而倔强的绿芽，拉开了一个遮阳新时代的帷幕。

1.2.4　发展阶段

时间的车轮行进到了 20 世纪 90 年代初，黄浦江畔矗立起了上海第一幢玻璃幕墙大厦——联谊大厦。而更让从事遮阳业的人激动与兴奋的是，联谊大厦全部采用进口的垂直百叶帘。若干年后，可能很少有人会记得联谊大厦，但对于上海遮阳行业的同仁而言，这却是一个里程碑，因为从那以后，引入国外遮阳产品，研发国内产品，成为一股浩荡潮流。

20 世纪的最后十年，我国遮阳技术逐渐成熟，产业逐渐壮大，整个行业处于一个大发展的时期。崭新的遮阳企业、商店雨后春笋般建立，垂直百叶帘、卷帘、木百叶帘等各种遮阳产品风靡全国大中城市。在产品和产业不断壮大的阶段，相关产品标准亟待编制，市场准入制度尚未建立。

1.2.5　成熟阶段

在国家对生态可持续发展建筑研究的进一步投入的背景下，国内建筑高校加大了对建筑遮阳的特定研究。比较典型的有"同济大学建筑节能评估研究室"、"华南理工大学建筑节能与 DeST 研究中心"等，华南理工大学还独立开发出了 Visual shade 计算软件，可以通过模拟遮阳效果来分析遮阳措施的优劣，对遮阳设计起了重要的辅助作用。

各设计研究机构也针对各地区的地域气候特点积极探索适应的遮阳形式，国内的遮阳构件厂商也积极开发先进的遮阳设备，近年来出现的遮阳产品在量与质上都得到较大的提高。这些都促进了遮阳在实际项目中的运用。随着人们对精神生活追求的提高，越来越多的展览馆、博物馆、美术馆、图书馆等公共博览建筑拔地而起，建筑遮阳理念也广泛应用于这些标志着城市文化、代表着城市文明的建筑。

中国遮阳行业的发展始终和建筑业的发展紧密相关，同时也紧跟着国际遮阳业的发展步伐。进入 21 世纪，中国经济的持续蓬勃发展，中国人对于居住环境的人文要求进一步提高，继续推动遮阳业向前发展。而玻璃幕墙建筑的大量建造，又开创了中国遮阳行业的另一块新天地——工程建筑遮阳。在这个阶段，电动装置和智能控制系统的大量应用，大型遮阳企业相继出现；同时，遮阳相关的工程技术规范、基础标准、通用标准以及专用标准陆续颁布实施，我国建筑遮阳产品的标准体系基本建成。这些都标志着遮阳行业日渐成熟，并开始向正规化、规范化、产业化方向发展。

1.3　国内外建筑遮阳标准化介绍

国外建筑遮阳行业起步较早，如今建筑遮阳在欧美等发达国家应用十分普遍。在欧洲各大城市中，几乎所有的公共或民用建筑都用到遮阳产品，且在不同历史时期安设的遮阳往往采用不同的形式，产品种类丰富。欧洲遮阳方面的龙头企业有 120 多家，行业规模较大。建筑遮阳已经是发达国家人民生活的一项基本需要，遮阳产业也已成为大规模工业化生产的一个重要行业。国外建筑遮阳标准体系的建立也较早且成熟，其中，欧洲的遮阳技术标准体系可能是最完善的，有完整的技术法规和标准体系。虽然我国遮阳行业发展较晚，但目前也已处在成熟阶段，整个行业在改革开放后经历了建立、发展与壮大的过程，且已基本形成行业标准体系，市场准入制度日趋完善。以下分别对欧洲、美国、日本和我国的遮阳标准体系进行介绍。

1.3.1　欧洲遮阳标准体系情况

本节分别从欧盟标准、英国标准和德国标准三部分介绍欧洲遮阳标准体系情况。

1. 欧盟标准

1985 年 5 月，欧盟颁布实施了《技术协调和标准新方法决议》（简称《新方法决议》），明确技术法规只规定投放市场的产品必须满足保障健康和安全的基本要求，而产品的具体技术指标由欧洲标准作规定。根据《新方法决议》，欧盟相继出台了 20 多项新方法指令，使各成员国的技术法规逐步趋于一致，使各成员国在保证商品自由流通中所必须达到的基本要求的差异减少，从而加快欧盟技术法规的协调进程。

欧盟的建筑产品技术制约体制都由技术法规和技术标准两部分组成。技术法规是制定技术标准的法定依据，技术标准是制定技术法规的技术基础。两者是相互联系、协调配套的有机整体。欧盟遮阳标准体系包括 4 个层次，其中最高层次的是 5 个相关技术法规，包括《建筑产品条例》（CPR）305/2011/EU、《建筑能效指令》（EPBD）2010/31/EU、《机械产品指令》2006/42/EC、《电磁兼容指令》2014/30/EU 和《低压电器安全指令》2006/95/EC。第二层次是产品通用性能标准，即为内、外遮阳和百叶遮阳产品通用性能技术要求。第三层次为专用方法标准，涉及机械安全、光学、热学、防盗、隔声等检测方法标准。第四个层次为其他标准，主要指遮阳产品涉及的金属材料和电机等材料标准。具体标准情况详见表 1.1。

表 1.1　欧盟建筑遮阳标准体系

层次	名称	标准号	备注
	技术法规		
第一层次	建筑能效指令	2010/31/EU	—
	机械产品的指令	2006/42/EC	—
	建筑产品条例	305/2011/EU	—
	电磁兼容指令	2014/30/EU	—
	低压电器安全指令	2006/95/EC	—
	技术标准——通用性能技术要求		
第二层次	建筑遮阳产品术语与定义	EN 12216	—
	内遮阳产品性能技术要求	EN 13120	—
	外遮阳产品性能技术要求	EN 13561	2006 年 3 月 1 日起强制执行 CE 认证
	遮阳百叶产品性能技术要求	EN 13659	2006 年 4 月 1 日起强制执行 CE 认证
	技术标准——专用方法标准		
第三层次	建筑外遮阳产品抗风压试验方法	EN 1932	—
	建筑遮阳产品耐集水荷载试验方法	EN 1933	—
	建筑遮阳产品误操作试验方法	EN 12194	—
	建筑遮阳硬卷帘耐雪荷载试验方法	EN 12833	—
	建筑遮阳产品气密性百叶窗透气性试验	EN 12835	—
	建筑遮阳硬卷帘抗冲击试验方法	EN 13330	—
	建筑遮阳产品操作力测量试验方法	EN 13527	—
	建筑遮阳产品疲劳性能试验方法	EN 14201	—
	建筑遮阳产品视觉舒适性、热舒适性试验及计算方法	EN 14500	—
	其他标准——配件材料标准		
第四层次	建筑遮阳产品使用的方状和管状电机的技术要求和测试方法	EN 14202	—
	建筑遮阳产品曲柄技术要求和测试方法	EN 14203	—
	织物水渗透性测试方法	EN 20811	—
	织物色牢度 Xe 灯老化测试方法	EN ISO 105-B04	—
	建筑五金配件——耐腐蚀性要求与试验方法	EN 1670	—

欧盟于 2013 年 7 月 1 日起全面强制实施的新版《建筑产品条例》(CPR)，规定了欧盟各成员国都要遵守的 7 项基本性能要求，包括：①结构强度和稳定性；②火灾情况下的安全；③卫生、健康和环境；④使用安全；⑤噪声防护；⑥节能及保温；⑦资源可持续利用。同时强调这些建筑产品的基本特性应与出现在各国的技术规范与施工工程中的基本要求保持一致。欧盟将涉及以上 7 个性能要求的建筑产品列入强制性的产品认证目录，对其进行约束管理。欧盟市场流通的多于 70% 的产品规定必须携带 CE 标志，否则不准进入市场流通之列。

2. 英国标准

英国的标准制订机构为英国标准协会 BSI，作为英国政府承认并支持的非营利性民间团体。BSI 1901 年在伦敦注册成立，代表英国政府履行国家标准化机构的职能，代表英国参加区域性和国际性标准化活动。英国标准的重点行业为：保健、化学产品、材料、金属、制造业、服务业、ICT、电子、风险管理、健康和安全、安保、防火、质量、建筑、可持续环境、CSR、运输、食品和饮料、能源等。

英国目前已编制遮阳相关标准十余项，主要为遮阳相关的通用性能技术规范（产品标准）和专用方法标准，其中以引用 EN 标准居多，详见表1.2。

表 1.2　英国建筑遮阳标准体系

技术标准——通用性能技术规范	
标准号	标准名称
BS 7950	家庭用玻璃窗和遮阳/推拉窗增强安全性能的规范
BS 3415	软百页帘规范
技术标准——专用方法标准	
标准号	标准名称
BS EN 1522	门、窗、遮窗和百页窗、防弹性能、要求和分类
BS EN 12045	动力操作的百页窗、使用中的安全、被传递的力的测量
BS EN 13125	遮板和遮帘、附加热阻、产品透气率等级的规定
BS EN 1634	门和遮板组件的耐火性试验、点燃门和遮板
BS EN 1634—3	门和遮板组件的耐火性能试验、烟雾控制门和遮板
BS EN 13123—1	门窗和遮板、耐爆炸性、要求和分类、冲击管
BS EN 13124—1	门窗和遮板、耐爆炸性、试验方法、冲击管
BS EN ISO 10077—1	门窗和遮板的热性能、热传递系数的计算、简化法
BS EN ISO 10077—2	门、窗和遮板的热性能、热传递系数的计算、框架的数值法

3. 德国标准

德国的遮阳标准制订机构为德国标准化协会（DIN）。DIN 是非盈利性的民间机构，成立于1917年，是德国主管全国标准化活动的机构，并作为成员团体代表德国参加欧洲及国际标准化组织的活动。目前，DIN 下设 4 个技术部门：第 1 技术部门负责精密工程、光学、食品原料、环境、卫生和安全工程等领域；第 2 个部门负责建筑、水利用、技术安装、造船与航海技术以及空间技术等领域；第 3 个部门负责材料测试、基础技术、机械和信息技术等领域；第 4 个部门是电子工程部（DKE）。

目前德国已编制遮阳相关标准十余项，主要以专用方法标准和遮阳产品配件材料标准为主，其中以引用 EN 标准居多，详见表1.3。

表 1.3　德国建筑遮阳标准体系

技术标准——专用方法标准	
标准号	标准名称
DIN EN 1634	门和遮阳板组件的耐火性试验
DIN EN 1933	遮阳篷耐集水荷载试验方法
DIN EN 13123-1	门窗和遮板耐爆炸性要求和分类
DIN EN 13124-1	门窗和遮板耐爆炸性试验方法
DIN EN 13125	遮板和遮帘、附加热阻、产品透气率等级的规定
DIN EN 13527	遮阳窗和遮阳帘、操纵力的测量、试验方法
DIN EN 14201	遮阳窗和遮阳帘、机械耐久性、试验方法
配件材料标准	
标准号	标准名称
DIN EN 14202	遮阳窗和遮阳帘、方形电机与卷管适用性、试验方法与要求
DIN EN 14203	遮阳窗和遮阳帘、曲柄齿轮驱动适用性、试验方法与要求
DIN EN 1932	遮阳帘和遮阳篷——抗风性能测试方法

1.3.2　美国遮阳标准体系情况

目前美国关于建筑遮阳方面的检测标准和评估方法为：NRFC（美国国家门窗评级委员会）门窗产品的太阳得热系数（SHGC）和可见光透射比的评估方法。在"太阳得热系数"一节中规定：整个窗户的太阳得热系数（SHGC）检测，应按照 NFRC 200 进行，太阳得热系数必须在国家认可、委派的授权试验室进行，同时要求制造商在产品上贴上鉴定过的性能指标标签。美国遮阳方面的标准较少，主要为遮阳构件以及配件材料的产品标准，例如《遮阳篷及织物的性能规格要求》ASTM D4847—2002 等。

1.3.3　日本建筑遮阳标准体系

日本于 1978 年提出"住宅节能设计基准"，在 1992 年修改成"住宅新节能基准与指针"，其中专门加入了有关遮阳的规定，即太阳辐射的得热系数值在日本本洲以南的炎热地区的四个气候区不得超过各自的最高限值，从而在日本住宅的全年热负荷指标（PAL）中把原来单一使用"隔热基准"控制完善为"隔热基准"和"遮阳基准"双重控制。

日本遮阳产品的标准是《日本工业标准》（Japanese Industrial Standard，JIS），由日本工业标准调查会（JISC）负责制订。日本工业标准调查会（JISC）是根据日本工业标准化法建立的全国性标准化管理机构，主要任务是组织制定和审议日本工业标准（JIS）以及调查和审议 JIS 标志指定产品和技术项目，涉及的专业包括建筑、机械、电气、冶金、运输、化工、采矿、纺织、造纸、医疗设备、陶瓷及日用品、信息技术等。

目前日本编制的遮阳相关 JIS 标准较少，仅有《钢及铝合金制活动百页》JIS A 4801、《测定遮阳装置遮阳系数的简化试验方法》JIS A1422 等。

1.3.4　我国建筑遮阳标准化介绍

在当前能源日趋紧张的形势下，建筑节能已成为社会关注度极高的现实问题，为此，我国制定了相关建筑节能规划，推广应用新的节能技术。近几年来，住房和城乡建设部先后批准发布了《公共建筑节能设计标准》、《建筑节能工程施工质量验收规范》、《民用建筑太阳能热水系统应用技术规范》、《绿色建筑评价标准》等 21 项重要的国家标准和行业标准；组织开展了《建筑能耗数据采集标准》、《既有公共建筑节能改造技术规程》等 27 项有关标准的制订、修订。

为贯彻国家节能降耗要求，促进我国遮阳技术发展，规范我国建筑遮阳的市场，住房和城乡建设部于 2007 年～2012 年下达了共 31 项建筑遮阳产品及规范的编制计划，目前均已发布。我国建筑遮阳产品的标准体系已基本形成，整个体系由工程技术规范、基础标准、通用标准以及专用标准组成，基本覆盖了目前遮阳行业的所有产品种类，这些针对建筑遮阳产品工程应用的技术要求以及产品固有特性（物理、机械疲劳和寿命周期等）、安全性能（机械安全）和功能特性（遮阳、隔声性能等）的检测方法和产品标准的出台为遮阳产品在市场准入和工程使用方面提供了技术支撑和保证，对建筑遮阳产品的推广应用具有重要意义。

《建筑遮阳工程技术规范》JGJ 237 的发布，从遮阳工程设计、施工、安装、验收的要求出发，为建筑遮阳工程及建筑遮阳一体化奠定基础。

《建筑遮阳产品术语》JG/T 399—2012 于 2012 年 12 月 6 日发布，2013 年 4 月 1 日开始实施。该标准规定了建筑遮阳用产品的术语和定义，适用于建筑用遮阳篷、天篷帘、百叶帘、折叠帘、卷帘、百叶帘及遮阳板。

《建筑遮阳通用要求》JG/T 274—2010 于 2010 年 7 月 20 日发布，2011 年 1 月 1 日开始实施。该标准参考了《户外遮阳产品——包括安全在内的性能要求》EN13561：2004、《户内遮阳产品——包括安全在内的性能要求》EN13120：2004 和《百叶帘——包括安全在内的性能要求》EN13659：2004 等标准编制而成。该标准规定了建筑遮阳术语和定义、分类和标记、材料、要求和试验方法，适用于除内遮阳中空玻璃外的建筑用遮阳。目前，该标准正在修编中。

《建筑用遮阳金属百叶帘》JG/T 251、《建筑用遮阳天篷帘》JG/T 252、《建筑用曲臂遮阳篷》JG/T 253、《建筑用遮阳软卷帘》JG/T 254、《内置遮阳中空玻璃制品》JG/T 255、《建筑用铝合金遮阳板》JG/T 416 等不同类型遮阳产品标准，分别对各类遮阳产品做出了明确规定。目前，其中一些标准已经完成修编，还有一些正在修编。

《建筑外遮阳产品抗风性能试验方法》JG/T 239、《建筑遮阳热舒适、视觉舒适性能检测方法》JG/T 356、《建筑遮阳产品耐雪荷载性能检测方法》JG/T 412、《建筑遮阳产品机械耐久性能试验方法》JG/T 241、《建筑遮阳产品操作力试验方法》JG/T 242、《建筑遮阳产品误操作实验方法》JG/T 275、《建筑遮阳热舒适、视觉舒适性能与分级》JG/T 277、《建筑遮阳产品声学性能测量》JG/T 279、《建筑遮阳产品遮光性能试验方法》JG/T 280、《建筑遮阳产品隔热性能试验方法》JG/T 281 等测试标准，规定了建筑遮阳产品各种性能的测试方法。

随着建筑遮阳产品在国内使用逐渐增多，我国建筑遮阳标准体系也在逐步建立和健全。编制适合我国国情的建筑遮阳产品标准，为规范遮阳产品的技术质量，支撑建筑遮阳工程，推动遮阳技术的应用具有重要作用。遮阳产品标准的出台为遮阳行业规范、有序、健康发展提供技术保障。我国现行遮阳标准情况及遮阳相关常用标准具体见表 1.4 和表 1.5。

表 1.4　我国现行遮阳标准情况

序号	标准层次	标准号	标准名称	对应国外标准
1	工程技术规范	JGJ 237—2011	建筑遮阳工程技术规范	—
2	基础标准	JG/T 399—2012	建筑遮阳产品术语	EN 12216
3	通用标准（包括产品、材料配件等）	JG/T 274—2010	建筑遮阳通用要求	
4		JG/T 277—2010	建筑遮阳热舒适、视觉舒适性能与分级	EN 14501
5		GB 4706.101—2010	家用和类似用途电器的安全卷帘百叶门窗、遮阳篷、遮阳和类似设备的驱动装置的特殊要求	
6		JG/T 276—2010	建筑遮阳产品电力驱动装置技术要求	EN 60335
7		JG/T 278—2010	建筑遮阳产品用电机	
8		JG/T 424—2013	建筑遮阳用织物通用技术要求	EN 13561、EN 13120
9		JG/T 482—2015	建筑用光伏遮阳构件通用技术条件	—

续表

序号	标准层次	标准号	标准名称	对应国外标准
10	通用标准（检测方法标准）	JG/T 240—2009	建筑遮阳篷耐积水载荷试验方法	EN 1933
11		JG/T 241—2009	建筑遮阳产品机械耐久性能试验方法	EN 14201
12		JG/T 239—2009	建筑外遮阳产品抗风性能试验方法	EN 1932
13		JG/T 242—2009	建筑遮阳产品操作力试验方法	EN 13527
14		JG/T 281—2010	建筑遮阳产品隔热性能试验方法	—
15		JG/T 280—2010	建筑遮阳产品遮光性能试验方法	—
16		JG/T 279—2010	建筑遮阳产品声学性能测量	—
17		JG/T 275—2010	建筑遮阳产品误操作试验方法	EN 12194
18		JG/T 282—2010	遮阳百叶窗气密性试验方法	—
19		JG/T 356—2012	建筑遮阳热舒适、视觉舒适性能检测方法	EN 14500
20		JG/T 412—2013	建筑遮阳产品耐雪载荷性能检测方法	EN 12833
21		JG/T 440—2014	建筑门窗遮阳性能检测方法	—
22		JG/T 479—2015	建筑遮阳产品抗冲击性能试验方法	EN 13330
23	专用标准（产品、材料配件）	JG/T 251—2009	建筑用遮阳金属百叶帘	EN 13659
24		JG/T 255—2009	内置遮阳中空玻璃制品	—
25		JG/T 253—2015	建筑用曲臂遮阳篷	EN 13561
26		JG/T 254—2015	建筑用遮阳软卷帘	EN 13120
27		JG/T 252—2015	建筑用遮阳天篷帘	EN 13561
28		JG/T 416—2013	建筑用铝合金遮阳板	EN 13659
29		JG/T 443—2014	建筑遮阳硬卷帘	EN 13659
30		JG/T 423—2013	建筑用膜结构织物	—
31		JG/T 500—2016	建筑一体化遮阳窗	—
32		JG/T 499—2016	建筑用遮阳非金属百叶帘	EN 13659

表 1.5　遮阳相关部分常用标准情况

序号	标准号	标准名称
1	JGJ 339—2015	非结构构件抗震设计规范
2	JGJ 145—2013	混凝土结构后锚固技术规程
3	GB 1499.1—2008	钢筋混凝土用钢　第 1 部分：热轧光圆钢筋
4	GB 1499.2—2007	钢筋混凝土用钢　第 2 部分：热轧带肋钢筋
5	GB/T 16938—2008	紧固件 螺栓、螺钉、螺柱和螺母 通用技术条件
6	GB/T 3098.1—2010	紧固件机械性能 螺栓、螺钉和螺柱
7	GB/T 3098.2—2015	紧固件机械性能 螺母
8	GB/T 3098.5—2016	紧固件机械性能　自攻螺钉
9	GB/T 3098.6—2014	紧固件机械性能 不锈钢螺栓、螺钉、螺柱
10	GB/T 3098.15—2014	紧固件机械性能 不锈钢螺母
11	GB/T 3098.21—2014	紧固件机械性能 不锈钢自攻螺钉
12	GB/T 16824.1—2016	六角凸缘自攻螺钉

1.4 国内外建筑遮阳标准比较

欧盟的产品标准集成度较高，主要是根据产品使用位置和特点分为内遮阳、外遮阳及百叶产品标准。我国建筑遮阳系列标准主要参考借鉴欧盟标准。但与之相比，我国建筑遮阳标准体系在产品分类方面更为细化，针对不同形式的遮阳产品分别编制了适用的标准，共编制了 11 本产品标准、13 本试验方法标准。

建筑遮阳系列产品标准需要大量的试验方法标准提供支撑。检测方法大致可分为安全性能、节能指标、舒适性能和耐久性能 4 个方面。其中，我国建筑遮阳产品物理性能、老化性能试验方法标准与欧盟标准基本保持一致，物理性能主要有抗风性能试验方法、耐积水荷载试验方法、机械耐久性能试验方法、误操作试验方法；老化性能采用的是材料老化试验，主要有氙灯老化、盐雾试验；节能指标方面，我国试验方法更侧重于遮阳产品实体模拟试验，而欧盟标准主要以理论计算为主，这一点我国标准与美国的试验标准较为相似；安全性能方面，我国侧重于产品的防火、电气安全要求，欧盟标准除了电气安全要求外，更偏向实际使用过程中对人体产生的接触性安全隐患。

随着科技的创新发展，会有更多的新技术、新产品诞生，为了保障新产品的研发及应用，我国编制了建筑遮阳通用要求、建筑遮阳用织物通用技术要求等通用性标准，对遮阳产品原材料及整体性能提出了基本的技术要求，为新技术、新产品提供技术依据。此外，工程建筑遮阳是我国遮阳后续发展的趋势，我国创新编制了《建筑遮阳工程技术规范》JGJ 237，从遮阳工程设计、施工、安装、验收的要求出发，为建筑遮阳工程应用奠定基础。

第2章 建筑遮阳分类

建筑遮阳是现代建筑外围护结构不可缺少的节能措施，建筑遮阳可以有效遮挡直射阳光，改善室内热环境、光环境，降低建筑负荷，对建筑节能起着不可忽视的作用。我国的建筑遮阳产业在近十多年来取得了巨大的发展，遮阳产品种类繁多，业内对遮阳构件及遮阳产品的分类方法也日渐科学。通常，建筑遮阳可分为构件遮阳、遮阳产品、建筑自遮阳和植物遮阳。每种类型的建筑遮阳又可根据其自身特点，细分为多种遮阳构件或遮阳产品。

2.1　相关标准

建筑遮阳分类主要由我国现行标准和建筑遮阳技术特点决定的，本指南涉及的建筑遮阳分类及类型相关的标准有：

《建筑遮阳产品术语》JG/T 399—2012；

《建筑遮阳通用要求》JG/T 274—2010。

2.2　构件遮阳

构件式遮阳是和建筑主体一起设计、施工，作为建筑主体一部分起遮阳作用的建筑构件。构件式遮阳按其在建筑立面放置的位置分为：水平遮阳、垂直遮阳、综合式遮阳和挡板式遮阳以及百叶式遮阳（见图 2.1）。建筑构件遮阳一般是固定设置、不能调节的。根据实际情况设计良好的固定遮阳设施，遮阳效率一般较高，而且具有不需保养维护，遮阳效率不受人为控制因素影响的特点。

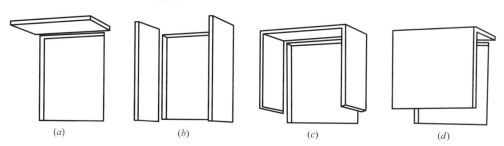

(*a*)　　　　　　　(*b*)　　　　　　　(*c*)　　　　　　　(*d*)

图 2.1　遮阳构件形式

(*a*) 水平遮阳；(*b*) 垂直遮阳；(*c*) 综合式遮阳；(*d*) 挡板式遮阳

2.2.1　水平构件遮阳

水平构件遮阳是在窗口上方设置一定宽度的水平方向的遮阳板，能够遮挡从窗口上方照射下来的阳光的遮阳方式，如图 2.2 所示。水平构件遮阳能有效遮挡高角度、从窗口上方投射下来的阳光。设计合理的遮阳板，其宽度及位置能非常有效地遮挡夏季日光而让冬季日光最大限度地进入室内。水平遮阳适用于低纬度地区，由于太阳高度角很大，建筑的阴影很短，水平遮阳足以达到很好的遮阳效果。在我国，水平遮阳应布置在南向及接近南向的窗口上，能形成较为理想的阴影区，是我国南方最为常见的遮阳方式。

2.2.2　垂直构件遮阳

垂直构件遮阳是在窗口侧边设置一定高度的竖直方向的遮阳板，能够遮挡从窗口侧边照来的阳光的遮阳方式，如图 2.3 所示。决定垂直遮阳效果的因素是太阳方位角，垂直式遮阳能够有效地遮挡高度角较小的、从窗侧斜射过来的阳光，但对于从窗口正上方投射的阳光，或者接近日出、日落时正对窗口照射的阳光，垂直式遮阳都起不到遮阳的作用。垂直遮阳适用于建筑东北、西北方向，不宜用于建筑南面遮阳。

图 2.2　水平构件遮阳　　　　　图 2.3　垂直构件遮阳

2.2.3　综合式遮阳

综合式遮阳为水平遮阳和垂直遮阳的综合方式，如图 2.4 所示。综合式遮阳兼有水平遮阳和垂直遮阳两者的优点，能有效遮挡高度角适中、从窗口前方斜射下来的阳光，遮阳效果均匀。综合式遮阳适用于从东南向到西南向范围内的方位窗口遮阳。

现代主义常见的遮阳构架和花格窗均是典型的综合式遮阳措施。这些遮阳构件既是遮阳元素，又是立面活跃因素，利用小尺度花格的密度和深度阻挡相当多的阳光。实际中多采用六角形、菱形、长方形等形式。还可以应用带传统符号的花格栅窗进行遮阳，兼具文化传承与功能性。

2.2.4　挡板式遮阳

挡板式遮阳是一种平行于窗口的遮阳设施，如图 2.5 所示。挡板式遮阳能有效地遮挡高度角较小的、正射窗口的阳光，但对视线和通风阻挡都比较严重。挡板式遮阳主要适用于阳光强烈地区及东西向附近的窗口，宜采用可活动或方便拆卸的挡板式遮阳形式。

图 2.4　综合式遮阳　　　　　　　　　图 2.5　挡板式遮阳

2.3　建筑遮阳产品

遮阳产品是在工厂生产完成，到现场安装，可随时拆卸，具有各种活动方式的遮阳产品。近十多年来，我国建筑遮阳产业取得了巨大的发展，建筑遮阳产品已经初步形成了较为完整的系列，能满足各类建筑遮阳的需求。根据《建筑遮阳通用要求》JG/T 274—2010的有关内容，建筑遮阳产品可按产品种类、安装部位、操作方式、遮阳材料等方面进行分类，如图 2.6 所示。

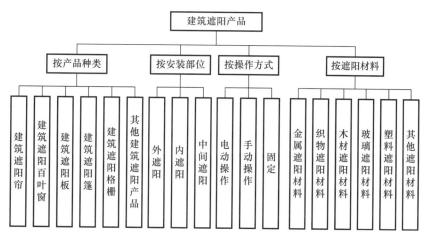

图 2.6　建筑遮阳产品常见分类

2.3.1　按产品种类分类

建筑遮阳按产品种类可分为建筑遮阳帘、建筑遮阳百叶窗、建筑遮阳板、建筑遮阳篷、建筑遮阳格栅以及其他建筑遮阳产品。

2.3.1.1　建筑遮阳帘

建筑遮阳帘是安装在建筑物表面通过伸展和收回以及开启和关闭等操作，由金属、织物、塑料和玻璃等材料组成遮挡太阳光的产品。建筑遮阳帘包括遮阳帘布、天篷帘和遮阳百叶三类产品。根据实际情况可安装在室内或室外侧。

遮阳帘布一般用在室内，是用装饰布经设计缝纫而做成的具有遮光功能的窗帘。遮阳帘布主要可用于防止阳光的直接辐射及将直射阳光转化为均匀的漫射光，同时具有良好的装饰作用，但其节能性较差，对降低空调负荷的作用很小。遮阳帘布的应用实例如图2.7所示。

图 2.7　室内遮阳帘布

建筑遮阳天篷帘是由电机及传动装置、支承构件和帘布等组装而成，且帘布与水平面的夹角小于75°，用于透明屋面在水平、倾斜或曲面状态下工作的建筑用遮阳装置。建筑遮阳天篷帘一般安装在建筑玻璃顶棚的下面，即建筑内部（有时也可安装在建筑外部），自动开合，开合幅度可自由调节，整体美观整洁，能突显现代建筑的高雅和正式感，现已成为现代很多建筑内部顶棚遮阳的必要选择。遮阳天篷帘的应用实例如图2.8和图2.9所示。

图 2.8　室外遮阳天篷帘　　　　图 2.9　室内遮阳天篷帘

建筑遮阳百叶帘是安装在建筑物表面，通过伸展或收回以及开启或关闭等操作，由叶片、窗框等组成的遮挡太阳光的产品。百叶窗帘一般以柔性金属为基材加工而成。百叶帘除了可以伸展或收回外，其最大的特征是叶片可以在一定角度内翻转，实现百叶帘的开启和闭合，根据实际需要起到遮阳、私密、调光、视觉和通风等作用。拉动提升绳，百叶帘可在任意位置保持相应的卷起状态，既不继续上卷，也不松脱下滑。将百叶帘完全伸展，百叶帘各叶片间应保持良好的水平度，间隔距离匀称，叶片平直，无上下弯曲之感。叶片应能调节至任意角度，当叶片闭合时，各叶片间应相互吻合，无漏光的空隙。目前国内遮阳帘产品主要还是以室内遮阳帘为主，占据了大量新建公共建筑物的市场。室外遮阳帘的节能作用要明显优于室内遮阳帘，但其产品种类和用量都较少，这是因为材料和固定方式的差异，室外遮阳帘布产品抗风雨性能和耐久性能都较差。遮阳百叶帘的应用实例见图2.10和图2.11。

图 2.10　室内建筑遮阳百叶帘　　　　图 2.11　室内用建筑遮阳百叶帘

2.3.1.2　建筑遮阳百叶窗

建筑遮阳百叶窗是安装在建筑表面，通过伸展或收回以及开启或关闭等操作，由叶片、窗框等组成的遮阳太阳光的产品。

遮阳百叶窗可以在室外使用，具有抗风、抗雨雪和防沙的能力，其防盗性能、保温性能、遮阳效果优秀，同时具有很好私密性。遮阳窗应用实例见图 2.12。

图 2.12　遮阳百叶帘

2.3.1.3　建筑遮阳板

建筑遮阳板是安装在建筑物表面的固定或可活动、用于遮挡太阳光的板式构件，分为条形板固定式遮阳和机翼型遮阳板。

条形板固定式遮阳根据不同地区的日照情况及建筑物不同部位的要求，通过选用不同开口率的龙骨，来决定条形板遮阳片的布置角度，从而达到不同透光率的要求，并可通过龙骨及构件的变化达到不同的造型要求。

机翼型遮阳板因其极高的抗风压能力和更灵活的结构形式及对光线更合理的折射角度，一经被发明出来，立即受到广泛的欢迎。机翼型的遮阳板可根据不同的要求做成固定式、电动可调式及智能调控三种形式。遮阳板应用实例见图 2.13。

遮阳板通常用于一些标志性的大型公共建筑，是户外遮阳技术的高级形式。遮阳板改变叶片翻转角度的同时可以达到不同的遮阳效果，调节进光量，有效改善室内热环境与光环境，系统装置通过电机锁紧，有一定的防盗作用。

图 2.13　建筑遮阳板

2.3.1.4　建筑遮阳篷

建筑遮阳篷是安装在建筑物外表面，通过伸展和收回的操作，或者以固定方式，由支撑构架、织物等材料组成的遮挡太阳光的产品。

建筑遮阳篷适用于低层或多层建筑外立面窗洞之上，是通过开启和收合，控制阳光和热量通过窗户进入室内，同时不影响室内通风的一种经济有效的建筑遮阳措施，是民用建筑中很常见的一种遮阳形式。主要有曲臂平推遮阳篷、曲臂摆转遮阳篷和曲臂斜伸遮阳篷和荷兰遮阳篷等形式。遮阳篷应用实例见图 2.14～图 2.17。

图 2.14　曲臂平推遮阳篷　　　　　　图 2.15　曲臂摆转遮阳篷

图 2.16　屈臂斜伸遮阳篷　　　　　　图 2.17　荷兰遮阳篷

2.3.1.5　建筑遮阳格栅

建筑遮阳格栅是安装在建筑外表面，呈间隔条状或花饰状，用于遮挡太阳光的产品。现代主义早期建筑常见的遮阳构架和常见的花格窗均是典型的遮阳格栅，由于花格的单位尺度较小，利用花格的密度和深度就可以阻挡相当多的阳光。遮阳格栅应用实例见图 2.18。

图 2.18　建筑遮阳格栅

2.3.2　按产品安装部位分类

按遮阳构件相对于窗口位置，即安装部位可分为：外遮阳产品、内遮阳产品和中间遮阳产品（玻璃中间遮阳）。外遮阳是位于建筑围护结构外面的各种遮阳的统称；内遮阳是建筑外围护结构内侧的遮阳；中间遮阳是遮阳位于两层玻璃之间。

同样的遮阳，百叶做成外遮阳、内遮阳、玻璃中间遮阳，其遮阳效果差别很大。当浅色百叶位于双玻窗外侧时，窗的遮阳系数为 0.14；当浅色百叶位于双玻之间时，窗的遮阳系数是 0.33；而位于双玻窗内侧时，窗的遮阳系数为 0.58。产生这种差异的原因是遮阳吸收太阳辐射升温会向环境散热，由于玻璃的"透短留长"特性，升温后的外遮阳仅小部分传入室内，大部分被气流带走。内遮阳则相反，中间遮阳介于两者之间。

2.3.2.1　外遮阳产品

外遮阳就是安装在建筑透明围护结构外侧遮挡阳光的装置。外遮阳能非常有效地减少建筑得热，但其效果与遮阳构造、材料、颜色等密切相关，同时缺点也十分明显。由于直接暴露于室外，使用过程中容易积灰，且不易清洗，日久其遮阳效果会变差（遮阳构件的反射系数减小，吸收系数增加）。并且外遮阳构件除了考虑自身荷载之外，还要考虑风、雨、雪等荷载和由此带来的腐蚀与老化作用。

建筑方案设计应该与遮阳设计同步进行，提高重视程度，将遮阳构件与建筑构件结合起来考虑。换个角度说，一个成功的建筑也必须包含合理的遮阳设计。

外遮阳产品种类繁多，常见的有百叶翻板（遮阳板）、室外百叶帘、室外硬卷帘、室外软卷帘、遮阳篷和遮阳膜：

1. 百叶翻板包括铝合金翻板、玻璃翻板、太阳能翻板等，其缺点是要求在建筑物新建时集成建造，成本太高；

2. 室外百叶帘，包括电动百叶帘和手动百叶帘；其缺点是易接灰，遮挡太阳光线时不透景，易变形，易损坏，维护难度大，机构可靠性不高，不适用于高层建筑；

3. 室外硬卷帘，包括铝合金硬卷帘、铝合金发泡硬卷帘、塑钢硬卷帘、PVC 硬卷帘和其他（木质等）；其缺点是遮阳时也遮挡了光线，不透景，不透气，样式单一，无美观性；

4. 室外软卷帘，包括电动软卷帘、曲柄摇杆驱动软卷帘和拉珠驱动软卷帘；其缺点是用于室外抗风性能无法保证；

5. 遮阳篷，包括曲臂式遮阳篷、摆转式遮阳篷、斜伸式遮阳篷、折叠式遮阳篷、固定式遮阳篷和轨道式遮阳篷；其缺点是成本高昂，机构可靠性能不高，抗风效果差，不适用于高层建筑；

6. 遮阳膜结构，包括充气式膜结构和张拉式膜结构等。

总体来讲外遮阳的优势在于遮阳效果明显，遮挡太阳辐射效果好。

2.3.2.2 内遮阳产品

内遮阳就是安装在建筑透明围护结构内侧遮挡阳光的装置。生活中最为常见的内遮阳是窗帘，除遮阳的功能外，还有消除眩光、保护隐私、隔声、吸声降噪、保温、装饰墙面等功能。内遮阳一般是可调遮阳，可以根据实际需要调整到不同的状态，因此在实际生活中被广泛应用。

图 2.19 暗室帘

内遮阳品种繁多，目前多用平面窗帘，主要有布帘、横帘、垂直帘、罗马帘、卷帘、天篷帘、折叠帘、艺术帘（百褶帘、百叶帘、卷帘、风琴帘）等多种款式的产品，材质有布、木、铝合金等材料。由于结构相对简单，施工方便，近年来得到广泛应用。内遮阳应用实例见图 2.7 和图 2.19。尽管由于遮阳吸收的太阳辐射大部分以长波辐射的形式散发在室内和遮阳的反射辐射部分被玻璃再反射入室内，遮阳效果明显不如外遮阳，但是由于传统观念、操作和维护方便性、生活中的私密性要求等原因，内遮阳还是目前普遍采用的遮阳措施，内遮阳产品对房屋的能量消耗起着非常大的作用，对人的舒适度也起到相当重要的作用。因此，正确选择内遮阳的色彩、材料和形式，以尽可能地将太阳光反射出室外，降低室内热负荷。另外，市面上出现了多种针对内遮阳某个功能加以改善的高科技窗帘，它们是：光控帘（日本）、隔声帘（美国）、节能帘（英国）、隐身帘（日本）、太阳能百叶窗帘、百折风琴帘等。

2.3.2.3 中间遮阳产品

中间遮阳就是安装在建筑透明围护结构内部遮挡阳光的装置。中间遮阳能减少夏季通过玻璃的得热，将日光漫反射进室内，减少室内照度差别，消除眩光。中间遮阳的遮阳效果介于外遮阳与内遮阳之间。中间遮阳常是浅色水平百叶帘，位于玻璃层之间，有玻璃的保护与遮挡，因此不易积尘、不占地方及良好的调节光环境效果。但是要注意双层玻璃或者是幕墙之内的通风与散热，以免夏季局部过热导致室内物理环境的恶化，设计中应该实现中间空间的热气通过外层幕墙或内层幕墙导出，使内幕墙和室内温度比较相近。该类型制作程序相对较为复杂，目前在国内重大项目之中应用也比较少。中间遮阳有内置中空玻璃百叶、双层幕墙中的遮阳百叶等。采用比较多的是在中空玻璃内安装遮阳装置制品。

中空玻璃内置遮阳制品是将遮阳材料安装在中空玻璃腔内的一种新产品，一般采用人工拉绳或机械方法来开启或关闭。依靠先进的技术，将百叶窗帘整体安装在中空玻璃内，采用磁力来控制中空玻璃内的百叶窗帘，百叶可随意调整角度，使其全部透光、半透光或遮光。同时又能将百叶全部拉起或翻转 $180°$，变成全部透光窗。该装置既节省了使用空间，又达到了遮阳目的，还具有保温性和防噪声功能，同时给建筑物和室内以新颖的视觉。无论夏天还是冬天，可调整百叶窗角度来达到遮阳或采光采暖，使空调能耗大幅降低。据测算，百叶关闭状态，最高可达 40% 的节能效果。由于多采用双层钢化玻璃结构，抗风力及抗外击力较高，高层和沿海建筑采用较为合适。该装置还可替代传统的隔断墙，突出了中空玻璃独特的保温性、隔声性、防灰尘污染、安全性等优点，是解决建筑用窗遮阳性能的最佳理想产品。内置百叶中间遮阳实例见图 2.20。

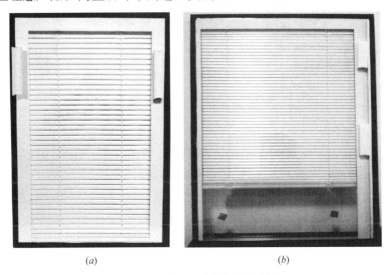

图 2.20　内置百叶中间遮阳制品

（a）双边双手柄控制；（b）单边双手柄控制

中空玻璃内部除了采用百叶做遮阳外，还可以采用内置折叠帘、蜂巢帘和卷轴帘，4 种遮阳帘的构造见图 2.21。

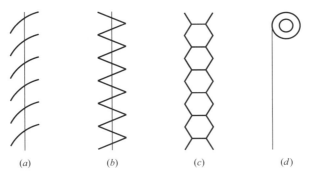

图 2.21　中空玻璃内置遮阳帘示意图

（a）百叶帘；（b）折叠帘；（c）蜂巢帘；（d）卷轴帘

双层幕墙由外层幕墙、热通道和内层幕墙（或门、窗）构成，且在热通道内能够形成空气有序流动的建筑幕墙。作为一种新型的建筑幕墙系统，其最大的特点是独特的双层幕墙结构，具有环境舒适、通风换气的功能。双层玻璃幕墙的遮阳百叶安装在夹层内部，相对单层玻璃幕墙外挂百叶方式，能有效防止百叶的日晒雨淋，更有利于保护百叶，增加百叶的使用耐久性。尤其是某些功能复杂、造价昂贵的金属百叶，日晒雨淋不仅会缩短其使用寿命，也会影响其遮阳及反射效果。此外，外挂百叶往往产生环境噪声，而在双层玻璃幕墙间设置的百叶就没有这种问题。

在使用时，通过调节百叶帘的开启角度来达到调整室内透光率和降低建筑能耗的目的。根据双层幕墙之间的宽度和美观度要求，可以确定选用的百叶帘的宽度、颜色等要求。双层幕墙中间遮阳百叶实例见图 2.22。

图 2.22   双层幕墙中间遮阳百叶

2.3.3   按操作方式分类

按操作方式分类可分为固定遮阳和活动遮阳。

2.3.3.1   固定遮阳

固定遮阳是建筑遮阳的一种,不能够进行伸展收回、开启关闭操作。固定遮阳有水平式遮阳构件、垂直式遮阳构件、挡板式遮阳构件和综合式遮阳构件等几类,用于遮挡从不同方向入射的光线。挑檐、大屋顶外挑部分都属于固定遮阳。

2.3.3.2   活动遮阳

活动式遮阳可以根据太阳入射的角度及建筑使用需求灵活调节,能够较好地控制眩光和散射辐射,特别对于遮挡低角度的直射、散射和反射光线非常有效。活动遮阳根据不同需要可卷起、可折叠、可收放,或有可转动角度的水平百页与垂直百页;有伸缩自如的,有可翻转至任何角度、可停留在任何位置的,收起时可完全进入窗帘盒内,占用空间小。根据操作方式不同,活动式遮阳又可分为手动和电动控制。

手动活动遮阳可以用拉绳(带)、拉珠、摇柄或弹簧操作。电动控制可以单控、遥控、群控、智能控制;可用时间控制,可用光照控制,可用温度控制,也可随太阳高度角调节,随天气调节,随使用者个人意愿调节等。

2.3.4   按遮阳材料分类

按遮阳材料分类可分为金属、织物、木材、玻璃、塑料等。

2.3.4.1   金属

常以铝合金、不锈钢、表面喷塑或氟碳喷涂处理后等金属制成的百叶帘片、机翼型百叶、格栅等遮阳产品(见图 2.23)。铝合金遮阳产品因具有好的耐候性、防潮、抗紫外线、耐腐蚀、抗高温等特性,且可塑性强,被广泛用于公共建筑外遮阳。

2.3.4.2   织物

织物材料色彩丰富,且材料柔软,可塑性强,因此能丰富建筑的立面效果。常见的有玻璃纤维、聚酯纤维面料(见图 2.24)。使用时可根据不同的遮阳效果,选择不同的面料。

图 2.23　格栅遮阳产品

图 2.24　织物类遮阳措施

2.3.4.3　木材

木材加工容易，为自古至今常用的材料。用木材做成各种遮阳设施见图 2.25。但其使用寿命和耐腐蚀等方面不及铝合金材料制品。公共建筑、居住建筑均可使用。

图 2.25　木质遮阳设施

2.3.4.4　玻璃

通过镀膜、着色、印花或贴膜等方式降低玻璃的遮阳系数，从而降低进入室内的太阳辐射热量。但会影响玻璃的透光率，因此不适用于冬季采光、采暖要求高的地区。玻璃类遮阳措施见图 2.26。

图 2.26　玻璃类遮阳措施

Low-E 玻璃又称低辐射玻璃，通过在玻璃表面镀上多层金属或其他化合物，形成一种对波长范围 $4.5\mu m\sim25\mu m$ 的远红外线有较高反射比的镀膜玻璃。与普通玻璃及传统的建筑用镀膜玻璃相比，Low-E 玻璃具有优异的隔热效果和良好的透光性。

电致热液晶夹层调光玻璃是一款基于聚合物分散液晶材料 PDLC 液晶技术的夹层玻璃产品。在两片调光玻璃之间夹一层 PDLC 智能视膜，电压作用下，中间液晶层分子的取向变得规整，使玻璃的颜色由不透明变为透明，从而调节室内光线。该产品本身不仅具有安全玻璃的特性，同时又具备控制玻璃透明状态，起到遮阳和保护隐私的作用，由于液晶膜夹层的特性，该产品还可以作为投影屏幕使用，替代普通幕布，在玻璃上呈现高清画面图像。所以该产品广泛应用于遮阳空间设计、隐私保护及高清投影等众多领域。

2.3.4.5　塑料

塑料在遮阳产品中作为主体材料用于制作非金属百叶帘或硬卷帘的叶片，主要材质主要有聚醚砜树脂（PES）和聚氯乙烯树脂（PVC）。聚醚砜树脂（PES）是一种耐高温的热塑性工程塑料，具有韧性、硬度好及显著的长期承载特点，适用于作为遮阳材料使用。聚氯乙烯树脂（PVC）具有良好的韧性、延展性，易加工成形、色泽鲜艳、耐腐蚀，但其抗紫外线性能较差，不能用于外遮阳材料，多用于制成室内用百叶帘。

2.4　建筑自遮阳和植物遮阳

除了构件遮阳和产品遮阳外，最简单和最古老的莫过于建筑自遮阳和植物遮阳了。

建筑自遮阳是指通过建筑自身体形凹凸形成阴影，将窗户和热的活动区有意识地设置在建筑自身形成的阴影区里，实现有效遮阳。建筑自遮阳可以是局部的后墙体、檐口或建筑本身的凹凸变化，也可以是整体上的遮阳墙体、双层遮阳通风屋顶，能够兼有遮阳和通风双重作用。

建筑自遮阳相较于专门设置遮阳构件进行遮阳的方式，是一种被动的遮阳方式，具有遮阳面积大、遮阳效果好、手法简洁、性能可靠、建筑造型整体性强等特点，且可节省建筑遮阳构件或设施的专项成本和日常围护费用。但是这一遮阳方式一般是不可调节的，遮阳效果不受人为控制，灵活性有所欠缺；单一的建筑自遮阳方式，往往无法完全满足遮阳要求，须辅以其他形式的遮阳措施。常用的做法有形体遮阳和空间遮阳。

形体遮阳——运用建筑形体的外挑与变异，利用建筑构件自身产生的阴影来形成建筑的"自遮阳"，进而达到减少屋顶和墙面受热的目的。主要手法有以下几种：①用上部形体出挑，对下部空间进行阳光遮挡（见图 2.27）；②利用建筑形体角度与太阳角度关系，对特定角度太阳照射进行遮挡（见图 2.28）；③利用建筑形体变化，对特定朝向或特定时间段的阳光进行遮挡（见图 2.29）。

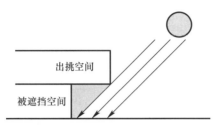

图 2.27　上部对下部空间遮挡

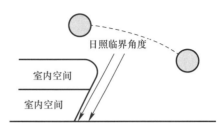

图 2.28　角度遮挡

形体遮阳案例——英国伦敦市政厅（见图 2.30）。

空间遮阳——建筑空间的功能，或由人的行为活动决定，或为抵御自然气候、调节内部物理环境，遮阳功能即属于后者。空间遮阳的原理在于，遮阳构件阻挡阳光直射形成阴影，使被保护区域处于构件所形成的阴影中，并使最终到达室内的光线为匀质的漫反射光。遮阳性空间的实体部分对阳光起阻挡作用，并通过自身的蓄热性能进行气温调节；遮阳性空间作为光的容器既使光线流转反射后进入室内空间，亦使室内、外空间之间的转换变得更加委婉。

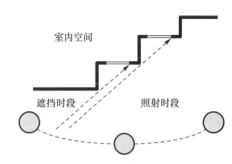

图 2.29　建筑形体变化遮挡

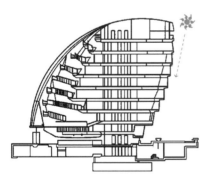

图 2.30　英国伦敦市政厅采用形体遮阳

遮阳性空间多数为通过建筑形体形成的独立空间（见图 2.31 和图 2.32），且与建筑实用空间紧密结合，兼具遮阳功能的空间主要有以下几种：①交通空间；②半室内活动空间；③具有多种灵活用途的室内空间之间的过渡连接部分。

另外，建筑自遮阳还有：挑檐遮阳、骑楼遮阳、阳台遮阳、柱廊遮阳花格窗等。它们都是建筑其他功能构件，同时能起到建筑遮阳的作用。如挑檐、骑楼等有避雨、为人们提供活动空间等作用，花格窗则缘于对于建筑装饰的需要。在现代建筑中，结合建筑构件进行遮阳的传统方式，随着绿色建筑设计理念的深入人心而得以继承和发展。

图2.31　马来西亚梅纳拉商厦　　　图2.32　孟买干城章嘉公寓大楼

　　植物遮阳指采用植物来遮挡阳光，形成阴影，达到遮阳效果，降低墙体表面温度。绿化遮阳没有能量的二次传播，是建筑与优美自然环境的融合。

　　从环境影响的角度来看，有机的方法是最佳的遮阳途径。落叶植物（树木或者藤蔓植物）在夏季可以最大限度地遮挡阳光，而在冬季叶片脱落后，阳光可以穿过而进入室内。植物遮阳与构件遮阳的原理不同，构件遮阳在遮挡阳光的同时把太阳辐射集中在自己身上，然后通过提高自身温度把热量经对流和长波辐射等散发出去，从而可能产生遮阳板对于室内的二次热辐射；而植物叶冠则是把拦截的太阳辐射吸收和转换，其中大部分消耗于自身的蒸腾作用，叶面温度能保持在较低的范围之内，而且在这一过程中，植物除了将太阳能转化为热效应以外，还能吸收周围环境中的能量，从而降低了局部环境温度，形成能量的良性循环利用。另外，植物还起到了降低风速、提高空气质量的作用，综合效能优势明显。

　　植物遮阳既能给建筑节能带来较大作用，又能美化环境，是时下某些发达国家和地区采用的节能办法。最先利用植物遮阳的国家是西班牙，经常可见巴塞罗那的建筑被绿色植物围绕着。人们在气温低的时候会把这些植物的茎剪断，以免被低温冻坏，等到天气转热时它们就会旺盛的生长，用自己的茎部遮挡过强的阳光。植物遮阳应用实例见图2.33和图2.34。

图2.33　清华大学图书馆西墙绿化　　　图2.34　巴塞罗那Banca Catalana大楼

28

第3章 建筑遮阳材料配件及控制系统

建筑遮阳产品由不同材料、构配件及控制系统构成。建筑遮阳产品所用材料的种类较多，根据材料的性质不同，可将其分为金属、织物、木材、塑料、玻璃、光伏组件等，用这些材料加工成帘、篷、板、窗、格栅等，再与配件及控制系统组装，便构成不同种类的遮阳产品。

3.1 遮阳主体材料

3.1.1 金属

金属在遮阳产品中应用较为广泛。作为主体材料，可制作成叶片、板、格栅、窗等；作为构配件，可制作成手摇曲柄、底轨、侧轨、顶轨、支架、罩壳、卷管、锚固件、紧固件、及五金配件等。从材质上分，用于遮阳产品的金属主要为铝合金和钢材。

3.1.1.1 铝合金

铝合金板材相关标准有：

《一般工业用铝及铝合金板、带材 第1部分：一般要求》GB/T 3880.1—2012；

《一般工业用铝及铝合金板、带材 第2部分：力学性能》GB/T 3880.2—2012。

铝合金型材相关标准主要有：

《铝合金建筑型材 第1部分：基材》GB 5237.1—2008；

《铝合金建筑型材 第2部分：阳极氧化型材》GB 5237.2—2008；

《铝合金建筑型材 第3部分：电泳涂漆型材》GB 5237.3—2008；

《铝合金建筑型材 第4部分：粉末喷涂型材》GB 5237.4—2008；

《铝合金建筑型材 第5部分：氟碳漆喷涂型材》GB 5237.5—2008。

百叶窗铝合金带材标准：

《百叶窗用铝合金带材》YS/T 621—2007。

铝合金由于具有轻质高强、便于加工成形、耐腐蚀性好等特点，在遮阳产品中得以大量应用。铝合金板材带材的性能应符合 GB/T 3880.1～GB/T 3880.2 的规定，百叶窗铝合金带材应符合 YS/T 621—2007 的规定。未表面处理前的基材性能要求应符合 GB 5237.1—2008 的规定。经表面处理的铝合金板材或型材，其表面涂层性能应符合铝合金型材标准 GB 5237.2～GB 5237.5 的规定。根据表面处理方式或复合方式不同，可将铝合金型材类型分为四类，见表 3.1 的规定。

表 3.1　铝合金建筑型材的产品类型

产品类型	表面处理方式或复合方式
阳极氧化型材	阳极氧化、阳极氧化加电解着色、阳极氧化加有机着色
电泳涂漆型材	阳极氧化加电泳涂漆（水溶性清漆和色漆）
粉末喷涂型材	静电粉末喷涂
氟碳漆喷涂型材	静电氟碳漆喷涂

阳极氧化型材是通过阳极氧化处理，在基材表面形成一层具有保护性和装饰性阳极氧化膜的型材。阳极氧化膜通常为多孔型，其结构由多孔层和阻挡层两部分组成。阻挡层是紧靠铝基体的极薄而致密的膜层，阻挡层厚度只取决于阳极氧化的外加电压，而与阳极氧化处理时间无关。多孔层是以阻挡层为基底生长起来的，多孔层的厚度取决于阳极氧化通过的电量，多孔层的厚度与电流密度和处理时间呈正比关系。阳极氧化膜的着色处理可通过有机染色处理或无机着色处理获得，也可以在膜层表面电解沉积某种金属物质，通过对光线的散射和吸收来获得。阳极氧化膜是在铝表面生成一层氧化膜，与铝基体是一个整体，因而附着性极好。阳极氧化型材性能要求应符合 GB 5237.2—2008 的规定。

电泳涂漆型材是通过阳极氧化处理之后再进行电泳涂漆处理，在基材表面形成一层具有保护性和装饰性复合膜的型材。复合膜包括阳极氧化膜和电泳涂漆膜两层。因此复合膜性能上通常兼具阳极氧化膜和有机聚合物膜的双重优点。其中电泳涂漆膜厚度的分布非常均匀，而且可以均匀覆盖在铝合金阳极氧化膜上的所有位置。复合膜的硬度高、耐磨性好、漆膜附着性好，不仅具备表面有机化合物膜优异的耐腐蚀性，而且具有十分优异的耐膜下丝状腐蚀性能。电泳涂漆型材性能要求应符合 GB 5237.3—2008 的规定。

粉末喷涂型材是通过静电粉末喷涂处理在基材表面形成一层具有保护性和装饰性粉末喷涂膜的型材。粉末喷涂膜并不是直接在铝合金基体上实施的，为了保证粉末喷涂膜对于基体铝合金的附着性和提高膜层下的耐腐蚀性，一般在粉末喷涂处理前需要对铝合金进行化学处理，为此铝合金表面的粉末喷涂膜实际上有两层，底层的化学转化处理膜很薄，而表面的粉末喷涂膜比较厚。在粉末喷涂处理之前的预处理对于膜层的耐腐蚀性能及附着性有重要影响，预处理主要包括基于六价铬离子的铬化处理、锆钛系无铬化学转化处理、含氟树脂、磷酸盐或者有机硅烷的化学转化处理等。粉末喷涂型材性能要求应符合 GB 5237.4—2008 的规定。

氟碳漆喷涂型材是通过静电氟碳漆喷涂处理，在基材表面形成一层具有保护性和装饰性氟碳漆喷涂膜的型材。氟碳漆喷涂膜并不是直接在铝合金基体上实施的，为了保证氟碳漆喷涂膜对于基体铝合金的附着性和提高膜层下的耐腐蚀性，一般在喷涂处理前需要对铝合金进行化学处理。因此铝合金的氟碳漆喷涂膜实际上有多层，底层的化学转化处理膜很薄，而表面的氟碳漆喷涂膜根据产品不同又分为二涂层、三涂层和四涂层，二涂层氟碳漆由底漆层和面漆层组成，三涂层由底漆层、面漆层和清漆层组成，四涂层由底漆层、阻挡漆层、面漆层和清漆层组成。在氟碳漆喷涂之前的预处理对于膜层的耐腐蚀性能及附着性有重要影响，预处理主要包括基于六价铬离子的铬化处理、锆钛系无铬化学转化处理、含氟树脂、磷酸盐或者有机硅烷的化学转化处理等。由于氟碳漆喷涂的表面处理膜是高性能的氟碳漆喷涂膜，因此具有良好的耐候性和耐腐蚀性。氟碳漆喷涂型材性能要求应符合 GB 5237.5—2008 的规定。

3.1.1.2　钢材

钢材是以铁为主要元素、含碳量为 0.02%～2.06%，并含有其他元素的合金材料。钢材按化学成分可分为碳素钢和合金钢两大类。碳素钢根据含碳量又可分为低碳钢（含碳量<0.25%）、中碳钢（含碳量 0.25%～0.6%）、高碳钢（含碳量>0.6%）。合金钢是在炼钢过程中加入一种或多种合金元素，如硅、锰、钛、钒等而得的钢种。按合金元素的总含量又可分为低合金钢（总含量<5%）、中合金钢（总含量 5%～10%）、高合金钢（总含量>10%）。根据钢中有害杂质硫、磷的多少，工业用钢可分为普通钢、优质钢、高级优质钢和特级优质钢。

常用钢材相关标准主要有：

《优质碳素结构钢》GB/T 699—2015；

《碳素结构钢》GB/T 700—2006；

《热轧型钢》GB/T 706—2016；

《低合金高强度结构钢》GB/T 1591—2008；

《连续热镀锌钢板及钢带》GB/T 2518—2008；

《合金结构钢》GB/T 3077—2015；

《碳素结构钢和低合金结构钢热轧厚钢板及钢带》GB/T 3274—2017；

《不锈钢冷轧钢板和钢带》GB/T 3280—2015；

《耐候结构钢》GB/T 4171—2008；

《不锈钢热轧钢板和钢带》GB/T 4237—2015；

《热轧 H 型钢和剖分 T 型钢》GB/T 11263—2017；

《彩色涂层钢板及钢带》GB/T 12754—2006。

碳素结构钢的牌号由代表屈服强度的字母（Q）、屈服强度数值（MPa）、质量等级符号（A、B、C、D）、脱氧方法符号（F、Z、TZ）四个部分组成，但脱氧方法符号 Z、TZ 可以省略。其中，F—沸腾钢，Z—镇静钢、TZ—特殊镇静钢。如 Q235AF 表示屈服强度为 235MPa、质量等级为 A 级的沸腾钢。遮阳产品中最常采用的碳素结构钢是 Q235。应根据力学要求、使用环境等选择碳素结构钢钢号、质量等级及脱氧方法，在寒冷地区，应采用 B 级以上级别。在严寒地区，特别是用在室外时，建议采用 C、D 级别，以防止低温脆断。

碳素结构钢的质量等级分 A、B、C、D 四类，低合金高强度结构钢（见后述）的质量等级分 A、B、C、D、E 五类，但并不是所有的牌号都有全部的质量等级。碳素结构钢的质量等级如表 3.2 所示。

表 3.2　碳素结构钢的质量等级

牌号	Q195	Q215	Q235	Q275
等级种类	—	A、B	A、B、C、D	A、B、C、D

钢材的质量等级分为 A、B、C、D、E 五个等级：A 级对冲击韧性不做要求，冷弯看需方要求；B 级要求常温（20℃）冲击值，冷弯合格；C 级要求 0℃冲击值，冷弯合格；D 级要求常温−20℃冲击值，冷弯合格；E 级要求−40℃冲击值，冷弯合格。钢材应具有抗拉强度、伸长率、屈服强度和硫、磷含量的合格保证。对焊接结构尚应具有含碳量的合格

保证。

低合金高强度结构钢的牌号由代表屈服强度的字母（Q）、屈服强度数值（MPa）、质量等级符号（A、B、C、D、E）三个部分组成。如 Q345D 表示屈服强度为 345MPa、质量等级为 D 级的低合金高强度结构钢。应根据力学要求、使用环境等选择低合金高强度结构钢钢号、质量等级。在寒冷地区，应采用 B 级以上级别。在严寒地区，特别是用在室外时，建议采用 D、E 级别，以防止低温脆断。当需方要求钢板具有厚度方向性能时，则在上述规定的牌号后加上代表厚度方向（Z 向）性能级别的符号（Z15、Z25、Z35），如 Q345DZ15。

常用低合金高强度结构钢的质量等级如表 3.3 所示。

表 3.3 低合金高强度结构钢质量等级

牌号	Q345	Q390	Q420	Q460
等级种类	A、B、C、D、E	A、B、C、D、E	A、B、C、D、E	C、D、E

耐候钢是通过添加少量的合金元素如 Cu、P、Cr、Ni 等，使其在金属基体表面上形成保护层，以提高耐大气腐蚀性能的钢。耐候钢的分类与牌号见表 3.4。

表 3.4 耐候钢的分类与牌号

类别	牌号	生产方式
高耐候钢	Q295GNH、Q355GNH	热轧
	Q265GNH、Q310GNH	冷轧
焊接耐候钢	Q235NH、Q295NH、Q355NH、Q415NH、Q460NH、Q500NH、Q550NH	热轧

耐候结构钢的牌号由代表屈服强度的字母（Q）、屈服强度数值（MPa）、"高耐候"或"耐候"的代号（GNH 或 NH）、质量等级符号（A、B、C、D、E）四个部分组成。如 Q355GNHC。

钢型材一般直接选用国标型材，可以根据需要按《热轧型钢》GB/T 706—2016、《热轧 H 型钢和剖分 T 型钢》GB/T 11263—2017、《碳素结构钢和低合金结构钢热轧厚钢板及钢带》GB/T 3274—2017 的要求和规格选用。

碳素结构钢和低合金高强度结构钢应进行表面热浸镀锌处理、无机富锌涂漆处理、氟碳涂覆、聚氨酯涂覆处理或采取其他有效的防腐措施。

（1）当采用热浸镀锌处理时，锌膜厚度应符合《金属覆盖层钢铁制件热浸镀锌层技术要求》GB/T 13912—2002 的规定，并根据使用环境和使用寿命的要求确定镀锌层厚度和镀锌层质量。

（2）当采用无机富锌涂漆处理时，需根据使用环境和使用寿命的要求，确定表面涂漆处理的工艺及涂层层数和厚度；如果表面处理达不到使用年限，则应在使用维护说明书中注明后续处理的时间间隔和方法。

（3）当采用氟碳或聚氨酯等涂层涂覆处理时，其性能应符合《彩色涂层钢板及钢带》GB/T 12754—2006 的规定。耐候钢应符合有关现行国家标准和行业标准的规定，耐用年限应满足设计要求，一般为 20 年～30 年。

不锈钢产品宜采用奥氏体不锈钢。在正常环境中，不锈钢可采用 S30408 或抗腐蚀性能等同于 S30408 的不锈钢；在具有非氧化性（或还原性）的酸性环境、空气污染严重或海滨盐雾较重的环境中，应采用 S31608 等或抗腐蚀性能等同于 S31608 的不锈钢；在空气污染特别严重或海滨盐雾别严重的环境，需要选用双相不锈钢，或含 6％钼的奥氏体不锈钢，如 2205（S32205）、6％MO（S31254）。

不锈钢表面越光滑，耐腐蚀性能越强，应使不锈钢构件的表面粗糙度尽量小。不锈钢构件的表面经常被雨水冲洗或定期进行人工冲洗，也有利于不锈钢构件的耐腐蚀性。

3.1.2　织物

织物是软卷帘、天篷帘、曲臂遮阳篷、荷兰篷、折叠帘、香格里拉帘、风琴帘、百褶帘等遮阳产品的主体遮阳材料，织物的性能应符合《建筑遮阳用织物通用技术要求》JG/T 424—2013。按照使用场合，可将织物分为内遮阳、中间遮阳、外遮阳三类；按照纤维材质，可将织物分为玻璃纤维、聚酯纤维、腈纶纤维及其他四类；按照透明度，可将织物分为全透明、半透明和不透明三类。用于生产织物的原材料应符合《涤纶工业长丝》GB/T 16604—2008 的规定。

织物类遮阳产品在伸展状态下需要承受张力，用于室外时还需抵抗风所产生的压力，所以织物的力学性能也是其重要的指标之一，其力学性能和经向断后伸长率应符合表 3.5的规定。

表 3.5　织物的力学性能

项目	1 级	2 级	3 级	4 级	5 级
断裂强力 $F_{经}$（N/50mm）	$F_{经}<300$	$300{\leqslant}F_{经}<500$	$500{\leqslant}F_{经}<800$	$800{\leqslant}F_{经}<1500$	$F_{经}{\geqslant}1500$
撕裂强力（N/50mm）	20	20	20	30	30
经向断裂伸长率 δ（%）	${\leqslant}5$	$5<\delta{\leqslant}10$	$10<\delta{\leqslant}20$	$20<\delta{\leqslant}30$	—

织物类遮阳产品遮阳功能源于织物的光学性能，其光学性能应符合表 3.6～表 3.11 的规定。

表 3.6　织物的太阳光直接透射比

等级	1	2	3
太阳光直接透射比 τ_{sol}	$0{\leqslant}\tau_{sol}<0.20$	$0.20{\leqslant}\tau_{sol}<0.40$	$\tau_{sol}{\geqslant}0.40$

表 3.7　织物的太阳光直接反射比

等级	1	2	3
太阳光直接反射比 R_{sol}	$R_{sol}<0.60$	$0.60{\leqslant}R_{sol}<0.80$	$R_{sol}{\geqslant}0.80$

表 3.8　织物的可见光透射比

等级	1	2	3
可见光透射比 τ_v（%）	$0<\tau_v<1$	$1{\leqslant}\tau_v<16$	$16{\leqslant}\tau_v{\leqslant}24$

表 3.9　织物的紫外线透射比

等级	1	2	3
紫外线透光系数 τ_{uv}（％）	$0<\tau_{uv}<1$	$1\leqslant\tau_{uv}<9$	$\tau_{uv}\geqslant9$

表 3.10　织物的透明度

$\tau_{V.dir-dir}$	$\tau_{V.dir-dif}$		
	$0<\tau_{V.dir-dif}\leqslant0.04$	$0.04<\tau_{V.dir-dif}\leqslant0.15$	$\tau_{V.dir-dif}>0.15$
$\tau_{V.dir-dir}>0.10$	5	4	3
$0.05<\tau_{V.dir-dir}\leqslant0.10$	4	3	2
$\tau_{V.dir-dir}\leqslant0.05$	3	2	1
$\tau_{V.dir-dir}=0.00$	1	1	1

注：1. $\tau_{V.dir-dir}$——直射-直射可见光透射比（入射和透射均为法线方向时的可见光透射比）。

2. $\tau_{V.dir-dif}$——直射-散射可见光透射比（入射线为法线方向，透射为散射时的可见光透射比）。

表 3.11　织物的眩光调节

$\tau_{V.dir-dir}$	$\tau_{V.dir-dif}$			
	$\tau_{V.dir-dif}<0.02$	$0.02\leqslant\tau_{V.dir-dif}<0.04$	$0.04\leqslant\tau_{V.dir-dif}<0.08$	$\tau_{V.dir-dif}>0.08$
$\tau_{V.dir-dir}>0.10$	1	1	1	1
$0.05<\tau_{V.dir-dir}\leqslant0.10$	2	2	1	1
$\tau_{V.dir-dir}\leqslant0.05$	4	3	2	2
$\tau_{V.dir-dir}=0.00$	5	4	3	3

注：1. $\tau_{V.dir-dir}$——直射-直射可见光透射比（入射和透射均为法线方向时的可见光透射比）。

2. $\tau_{V.dir-dif}$——直射-散射可见光透射比（入射线为法线方向，透射为散射时的可见光透射比）。

织物应采取抗菌、抗霉变措施，抑制微生物的生长。用于室内的内遮阳织物有害物质限量应符合《国家纺织品基本安全技术规范》GB 18401—2010 的规定，甲醛含量应不大于 300mg/kg，不含偶氮，无异味。织物的耐久性指标直接关系着其使用寿命的长短，织物的耐光色牢度和耐气候色牢度应达到 4 级及以上。外遮阳用织物的防渗水功能应能满足表 3.12 的规定。

表 3.12　织物的防渗水功能

防渗水功能	1 级	2 级
	无要求	$\geqslant350mmH_2O$

对于开敞式构筑物所用的具有遮阳功能的膜结构涂层织物应符合《遮阳用膜结构织物》JG/T 423—2013。根据基材纤维材质，可将膜结构织物分为玻璃纤维和聚酯纤维两类；根据涂层和表面处理层可分为聚四氟乙烯涂层、全氟烷氧基树脂涂层、氟化乙烯丙烯共聚物涂层、有机硅涂层、聚氯乙烯涂层、聚氨酯涂层、聚氟乙烯处理层、聚二氟乙烯处理层、聚丙烯处理层、二氧化钛处理层以及其他。生产该织物的原材料也应符合《涤纶工业长丝》GB/T 16604—2008 的规定；在外部环境条件的作用下，织物应具有抗菌性。膜结构织物不仅要承受构造所造成的张力，更要承受自然界风的压力，其力学性能的要求严于 JG/T 423—2013。

3.1.3　木材

木材主要用于百叶窗、百叶帘等遮阳产品主体材料。木材的性能应符合《木制百叶窗帘和百叶窗用叶片》LY/T 1855—2009。加工木材的树种常见的有椴木、杨木、樟子松、云杉、冷杉等。按照材料的不同，可将木材分为实木和指接材❶；按照涂饰，可将木材分为未涂饰叶片、透明涂饰叶片和不透明涂饰叶片。木材含水率应介于8%～12%之间，残余变形小于或等于3mm。指接木材浸渍剥离后，平均剥离率小于10%且单个胶缝剥离小于胶缝长度的1/3；横拼木材浸渍剥离后，平均剥离率小于10%且单个胶缝剥离小于胶缝长度的1/10。涂覆清漆的木材耐黄变1级色差小于或等于4.0，2级色差小于或等于6.0；涂覆色漆的木材耐黄变色差小于或等于4.0。漆膜附着力小于或等于1级，表面耐沾污后应无污染或腐蚀痕迹，漆膜硬度不低于H。使用胶粘剂的木材和不透明叶片涂饰的木材应符合《室内装饰装修材料　木家具中有害物质限量》GB 18584—2001中表1的规定。

天然木材叶片上的直条纹理至少应达到叶片长度的3/4。对活节❷有下列限制条件：

1. 帘式百叶的木材不应有死节❸；
2. 透明涂层叶片活节的要求应符合表3.13的规定；
3. 不透明涂层叶片活节的要求应符合表3.14的规定。

表 3.13　透明涂层叶片活节的要求

叶片宽度 B（mm）	最多活节（个/m²）	活节最大直径 D
$B \leq 50$	5	$D \leq$ 叶片厚度 $E/2$，且 $D < 20$
$B > 50$	15	$D <$ 叶片厚度 E，且 $D < 40$

表 3.14　不透明涂层叶片活节的要求

叶片宽度 B（mm）	活节最大直径 D
$B \leq 50$	$D \leq$ 叶片厚度 $E/2$，且 $D < 20$
$B > 50$	$D <$ 叶片厚度 E，且 $D < 40$

木材容易受虫侵和腐烂，所以木材需经防腐处理，木材的防腐性能应符合《防腐木材的使用分类和要求》LY/T 1636—2005的规定；不能防止真菌侵蚀并在潮湿环境（与高蓄水材料即砖石或混凝土接触）使用的木材应用杀菌剂进行处理。

3.1.4　塑料

塑料相关标准主要有：

《悬浮法通用型聚氯乙烯树脂》GB/T 5761—2006；

《聚乙烯（PE）树脂》GB/T 11115—2009；

《聚丙烯（PP）树脂》GB/T 12670—2008；

《丙烯腈-丁二烯-苯乙烯（ABS）树脂》GB/T 12672—2009；

《塑料模塑件尺寸公差》GB/T 14486—2008；

《聚酯纤维机织带规范　第1部分：定义、名称和一般要求》GB/T 20630.1—2006；

《建筑门窗、幕墙用密封胶条》GB/T 24498—2009；

---

❶ 指接材是以锯材为原料经指榫加工、胶合接长制成的板方材。
❷ 活节指与周围木材全部紧密相连的节子，活节质地坚硬、构造正常。
❸ 死节指与周围木材部分脱离或完全脱离的节子，死节在板材中往往脱落形成空洞。

《塑料件通用技术条件》CB 867—1983。

塑料在遮阳产品中作为主体材料用于制作非金属百叶帘或硬卷帘的叶片，其材质主要有聚氯乙烯树脂（PVC）、聚醚砜树脂（PES）等。聚氯乙烯树脂具有良好的韧性、延展性，易加工成形、色泽鲜艳、耐腐蚀，但其抗紫外线性能较差，多用于制成室内用百叶帘，其性能应符合《悬浮法通用型聚氯乙烯树脂》GB/T 5761—2006。聚醚砜树脂是一种透明琥珀色的无定型树脂，具有优异的耐热性，优良的尺寸安定性，以及良好的耐化学品性，可用于制作硬卷帘的叶片，其性能应符合《聚酯纤维机织带规范 第1部分：定义、名称和一般要求》GB/T 20630.1—2006 的规定。

此外，塑料还应符合《室内装饰装修材料 人造板及其制品中甲醛释放限量》GB 18580—2001、《室内装饰装修材料 聚氯乙烯卷材地板中有害物质限量》GB 18586—2001 的规定，其阻燃性能应符合《公共场所阻燃制品及组件燃烧性能要求和标识》GB 20286—2006 中阻燃1级（塑料）的规定。

3.1.5 玻璃

将单一玻璃作为遮阳产品的主体材料，在建筑遮阳工程上应用较少，目前应用较多的形式是在中空玻璃内安装遮阳装置的制品，即内置遮阳中空玻璃制品。玻璃相关标准主要有：

《中空玻璃》GB/T 11944—2012；

《建筑用安全玻璃 第1部分：防火玻璃》GB 15763.1—2009；

《建筑用安全玻璃 第2部分：钢化玻璃》GB 15763.2—2005；

《建筑用安全玻璃 第3部分：夹层玻璃》GB 15763.3—2009；

《建筑用安全玻璃 第4部分：均质钢化玻璃》GB 15763.4—2009；

《镀膜玻璃 第1部分：阳光控制镀膜玻璃》GB 18915.1—2013；

《镀膜玻璃 第2部分：低辐射镀膜玻璃》GB 18915.2—2013；

《隔热涂膜玻璃》GB/T 29501—2013；

《门窗幕墙用纳米隔热涂膜玻璃》JG/T 384—2012；

《建筑门窗幕墙用钢化玻璃》JG/T 455—2014；

《贴膜玻璃》JC 846—2007；

《电致液晶夹层调光玻璃》JC/T 2129—2012。

建筑遮阳用玻璃的可见光透过性能、遮阳性能以及保温性能的分级应符合表 3.15～表 3.17 的规定。

表 3.15 建筑遮阳玻璃可见光透过性能分级

分级指标	1	2	3	4
可见光透射比 τ_v（%）	$\tau_v < 20$	$20 \leqslant \tau_v < 40$	$40 \leqslant \tau_v < 60$	$\tau_v \geqslant 60$

表 3.16 建筑遮阳玻璃遮阳性能分级

分级指标	1	2	3	4	5	6
遮阳系数 SC	$SC > 0.7$	$0.7 \geqslant SC > 0.6$	$0.6 \geqslant SC > 0.5$	$0.5 \geqslant SC > 0.4$	$0.4 \geqslant SC > 0.3$	$SC \leqslant 0.3$

表 3.17　建筑遮阳玻璃保温性能分级

分级指标	1	2	3	4	5	6
传热系数 K [W/(m²·K)]	$K>4.0$	$4.0 \geqslant K > 4.0$	$4.0 \geqslant K > 2.0$	$2.0 \geqslant K > 1.5$	$1.5 \geqslant K > 1.0$	$K < 1.0$

中空玻璃是两片或多片玻璃以有效支撑均匀隔开并周边粘结密封，使玻璃层间形成有干燥气体空间的玻璃制品，具有良好的保温性能。中空玻璃应用于建筑遮阳产品的主要形式是内置遮阳中空玻璃制品。在这种形式下，中空玻璃不仅能够起到良好的保温作用，还能保护内置百叶免受沾污或由外力所造成的损坏，延长产品的使用寿命。中空玻璃按照形状分为平面中空玻璃和曲面中空玻璃，按照中空腔内气体可分为普通中空玻璃和充气中空玻璃，其性能应符合 GB/T 11944—2012 的规定。

用于遮阳产品的玻璃宜采用安全玻璃，其性能应符合 GB 15764.1—2009、GB 15764.2—2009、GB 15764.3—2009、GB 15764.4—2009、JG/T 455—2014 的规定。在安全玻璃中应用较多的是钢化玻璃。钢化玻璃是经热处理工艺之后的玻璃，其特点是在玻璃表面形成压应力层，机械强度和耐热冲击强度得到提高，并具有特殊的碎片状态。钢化玻璃不能再作任何切割、磨削等加工或受破损，否则就会因破坏均匀压应力平衡而"粉身碎骨"。

阳光控制镀膜玻璃是对波长范围 350nm～1800nm 的太阳光具有一定控制作用的镀膜玻璃，具有良好的遮阳功能，并且具有丰富的外观效果，被众多建筑师与业主青睐，广泛应用于建筑中。按照生产工艺的不同，可将阳光控制镀膜玻璃分为在线阳光控制镀膜玻璃和离线阳光控制镀膜玻璃，其性能应符合 GB 18915.1—2002 的规定。

低辐射镀膜玻璃又称为低辐射玻璃或 Low-E 玻璃，是一种对波长范围 $4.5\mu m$～$25\mu m$ 的远红外线有较高反射比的镀膜玻璃。镀膜玻璃还可以复合阳光控制功能，称为阳光控制低辐射玻璃。与阳光控制镀膜玻璃相比，低辐射镀膜玻璃最大的特点是对可透过太阳光中可见光部分，阻挡红外辐射能部分，起到良好的隔热性能。按生产工艺的不同，可将低辐射镀膜玻璃分为在线低辐射镀膜玻璃和离线低辐射镀膜玻璃，其性能应符合 GB 18915.2—2002 的规定。

贴膜玻璃是指贴有有机薄膜的玻璃制品。该有机薄膜是采用磁控溅射工艺对聚酯薄膜表面金属化处理后与另外一层聚酯薄膜复合，在其正面涂覆耐磨层、背面涂布胶粘剂并加覆防粘保护膜的功能性薄膜。将该有机薄膜粘贴复合于玻璃表面使之具有阳光控制功能、低辐射功能、防破碎飞散或装饰功能。因此贴膜玻璃根据功能可分为四类：A 类贴膜玻璃（具有阳光控制/低辐射及抵御破碎飞散功能）、B 类贴膜玻璃（具有抵御破碎飞散功能）、C 类（具有阳光控制/低辐射功能）、D 类贴膜玻璃（仅具有装饰功能）。贴膜玻璃的性能应符合 JC 846—2007 的规定。

隔热涂膜玻璃是将透明隔热涂料涂覆在玻璃上，使其能够保持较高的可见光透过比的同时具有阻隔红外线的功能，减少室内空调能耗，起到节能的作用。根据涂覆面的使用部位，可将隔热涂膜玻璃分为暴露型和非暴露型。暴露型隔热涂膜玻璃是将涂膜直接暴露于外界环境，应用于平板玻璃的任意面或夹层玻璃的第一面和第四面；而非暴露型隔热涂膜玻璃的涂膜则不直接暴露于外界环境，而是应用于中空玻璃或夹层玻璃的第二面和第三面。隔热涂膜玻璃的性能应符合 GB/T 29501—2013 和 JG/T 384—2012 的规定。

电致热液晶夹层调光玻璃是一款基于聚合物分散液晶材料 PDLC 液晶技术的夹层玻璃产品。在两片调光玻璃之间夹一层 PDLC 智能视膜，电压作用下，中间液晶层分子的取向变得规整，使玻璃的颜色由不透明变为透明，从而调节室内光线。该产品本身不仅具有安全玻璃的特性，同时又具备控制玻璃透明状态，起到遮阳和保护隐私的作用，其性能应符合 JC/T 2129—2012 的规定。

3.1.6 光伏组件

光伏组件指的是具有封装及内部联结，能单独提供直流电输出、不可分割的最小太阳电池组合装置。将光伏组件作为遮阳主体材料，既能达到遮阳节能的目的，又能为建筑提供能源供应，是典型的光伏建筑一体化应用形式，具有良好的应用前景。近年来，将光伏组件作为遮阳材料已逐渐在国内建筑得以应用。光伏组件包括晶体硅光伏组件和薄膜光伏组件。晶体硅光伏组件应符合《地面用晶体硅光伏组件设计鉴定和定型》GB/T 9535—1998 的要求。薄膜光伏组件因具有轻质、柔性、透光率可调等特点，已越来越多地应用于光伏遮阳一体化系统，其性能应符合《地面用薄膜光伏组件 设计鉴定和定型》GB/T 18911—2002 的要求。光伏组件的输出功率差应不超过±3%。

通过环境参数（辐照度、温度、湿度、风速、日照角度、风向等）数据采集和后续数据处理，可以实现光伏组件的智能化控制。根据日照角度的变化，自动翻转光伏组件的开启角度，以充分利用太阳能发电，同时也将光伏组件遮阳隔热节能的效果达到最佳，将光伏组件兼具发电和遮阳的特点发挥到极致。

3.2 主要配件

配件是遮阳产品中不可缺少的部分，用于遮阳产品的主要配件为电机、绳索、帘布、叶片、手摇曲柄、底轨、侧轨、顶轨、支架、罩壳、卷管、卷盘、五金配件、锚固件、紧固件等。除锚固件、紧固件、五金配件、电机及绳索外，其余配件目前尚无相应产品标准，其材质应符合第 3.2 节中相应材料的要求。按照配件的用途，可将配件分为产品配件与安装配件。

3.2.1 产品配件

3.2.1.1 电动装置

建筑遮阳产品用电动装置是智能或电动遮阳产品最为重要的配件，通过电动装置的运转来实现遮阳产品伸展收回、开启关闭的动作。电动装置应符合《小功率电动机的安全要求》GB 12350—2009、《建筑遮阳产品用电机》JG/T 278—2010 和《建筑遮阳产品电力驱动装置技术要求》JG/T 276—2010 的规定。

电动装置可分为管状电动装置、方形电动装置、推杆电动装置、直流电动装置等。管状电动装置外形为管状，安装在卷管内，同轴运转输出旋转运动，带动帘布、帘片或提绳旋转，进而实现遮阳产品的伸展收回和开启关闭的动作。管状电动装置广泛应用于软卷帘、硬卷帘、百叶帘、遮阳篷、天篷帘等遮阳产品。方形电动装置安装位置与帘的顶轨垂直，输出旋转运动，通过开孔履带或同步带转换成直线运动，带动挂件及帘布，实现遮阳产品的平动。该类电动装置可应用于垂直帘、布帘、部分艺术帘、双轨式天篷帘等遮阳产品。推杆电动装置与被推件分离，两者之间有一个角度，输出直线运动，推动翻板转动，被推件旋转角速度可以低到 1/4 转，便于精准控制开启闭合的角度。

建筑遮阳产品用电动装置应该根据 JG/T 278—2010 中的分类、转矩、连续工作时间、转速、过热自停保护、停止极限位置偏差、噪声、耐久性、安全等要求进行选择使用，否则会损害电动装置，减少其使用寿命，甚至会引起安全事故。

1. 转矩

管状电动装置的转矩为 1Nm～200Nm。方形电动装置、太阳能电动装置、直流电动装置一般在 1Nm 以下。推杆电动装置用推力和行程来表示，推力（拉力）为 200N～1000N，行程为 200mm～600mm。

遮阳产品所用电动装置的转矩应能够克服遮阳产品在伸展收回开启关闭动作中最大阻力所产生的转矩。如遮阳帘产品，其所用电动装置转矩应大于遮阳帘与低轨的重力所产生的转矩，即满足式（3.1）的要求：

$$（遮阳帘重力＋底轨重力）×卷管半径＜选用电动装置转矩 \qquad (3.1)$$

2. 连续工作时间、转速、过热保护、防护等级

建筑遮阳产品用电动装置都是 S2 短时间歇工作制，连续工作时间为 2.5min～4min，输出转速为 2r/min～34r/min。超过工作时间，电动装置自动执行停止命令，实行过热保护。由于高温天气、日照、屏蔽散热、频繁操作等都会引起电动装置过热保护而停止工作，这属于正常现象，待热量散发、温度下降便会恢复工作。

此外，卷帘的最大卷曲高度与电动装置的转速及工作时间有关，即最大卷取高度＝工作时间×转速×卷布平均半径×2π。如果遮阳帘很高，在一个工作期内卷不了，可以更换管径大的卷管，但是在更换时需对转矩复核。

电动装置整体结构防护等级一般取 IP44 以上，室内环境好、转矩小可以选 IP20，安装于室外要求 IP56。用于室外时，可以对电动装饰外加防护系统，注意罩壳接缝处不能漏水。推杆电动装置使用的位置不容易安装防护系统，但是大型百叶翻板工程中一定要注意防护。如果系统局部积水，会引起传动系统故障，也就影响电动装置正常工作。

3. 停止极限位置偏差

遮阳产品在完全收回时，电动装置仍不停下来便会产生危险。另外，当其完全伸展时，电动装置依然运转也是不能接受的，为此 JG/T 278—2010 规定停止极限位置偏差。电动装置内部有行程控制器，按照供应商提供的调试方法设定开启闭合、伸展收回的终点。以后每次电动装置会记住准确的终点位置，所有建筑遮阳用电动装置都必须具有此项功能。在大型遮阳工程中，同时操作多幅遮阳产品，由于遮阳电动装置是交流异步电动装置，每个电动装置的速率存在少许差异，也就是运行中一批帘子不能做到整齐划一，不在同一高度，这是正常现象。但是到了运行终点是完全一致的。目前有些电动装置可以设置中间位置定位，如果需要将遮阳产品停在一半位置上，没有限位控制，很多副帘是不会停得很整齐，有了这个中间限位就可以把所有的帘子停在一个水平上。

4. 噪声

一般来讲，电动装置的转矩越大，其运行时噪声就越大。因此，与其他电动装置相比，管状电动装置的噪声会稍微大些，但应用于车库和外遮阳时，其运行的噪声还是可以

接受的。对于室内较小的遮阳产品，可以选用转矩较小的电动装置，如直流电动装置、电池电动装置、光伏电动装置等。在高级会议室等场所，可以选用静音级、超静音的电动装置。

遮阳帘在工作中的电动装置的噪声会低于出厂测定值。因为卷管密封了整个电动装置，在卷管的外面还有层层隔声的遮阳帘，而且卷管安装的位置一般都会高于人的身高，所以其噪声比单独电动装置空转时的噪声小。

此外，电动装置安装以后的运行噪声比空转时噪声大，很有可能是因为电动装置没有安装在坚实的基础上，或者由于在建筑安装时留有空腔，引起共振产生噪声放大效应。所以在安装设计时要考虑对遮阳系统的影响，发现这类声音共振情况可以垫实电动装置安装座，加上弹性垫座，整改装饰箱体可以明显减小噪声，达到标准要求。

5. 耐久性

遮阳产品要达到耐久性 2 级要求，电动装置启停应至少要达到 7000 次，假设每天伸展收回两个循环次数，考虑到冬天会减少操作次数，电动装置要能够使用 10 年。由于遮阳产品相应的机构、面料、塑料件和绳带等在恶劣气候环境下更容易变质损坏，整个遮阳产品要达到耐久性 2 级是需要注意维修保养的。

外遮阳产品是建筑节能的重要手段，因为其安装于室外，经受多种侵蚀，维修保养难度较大，为此作为政府推荐产品往往对电动装置运行的次数要到达遮阳产品的耐久性 3 级，即 10000 次以上。即使如此对于大型遮阳产品采用业主和组装商订立维修保养合同，保障耐久性还是有效和可行的。

6. 安全

电动装置安全要求应符合 GB 12350—2009、JG/T 276—2010 的规定。此外，由于遮阳产品其他配件或安装未达到相关要求，也会对电动装置的安全运行构成威胁，甚至导致整个遮阳产品的破坏，引发安全事故。卷取式遮阳产品都用卷管，如果卷管材质未达到现行国家标准 GB 5237.1~GB 5237.4 的要求，其壁厚未能保障型材足够刚性，电动装置和卷管不同轴，或型材出厂有一定的弯曲等情况，那么在运行时都会引起卷管弯曲造成帘布褶皱，卡在卷管和顶轨之间，面料跑偏卡在支架边上等现象。对一个有动力输出的电动装置，将其出轴卡住不能旋转是危险的。尽管遮阳电动装置是短时工作制，到了时间会自动停止，另外电动装置还有过热保护，在温度超过限值也会自动停止，但是瞬时的卡住可以将面料拉破，将支架损坏，导致支架脱落，以致整个系统掉下来，造成安全事故。另外，如果遮阳产品安装不水平，支架不牢固，安装基础不坚实，运动构件不灵活，紧固件失效，运动构件磨损造成运动阻滞，这一系列可能出现的故障，就会与电动装置角力，对电动装置构成安全隐患。在建筑遮阳产品的系列标准中，都要求遮阳产品运行平稳，运行平稳反映了电动装置、机构、配件、主体遮阳部分等整个状态是否协调一致，由此可以判断当前电动装置和组件是否达标。

总之在应用建筑遮阳用电动装置时应注意该类电动装置的 5 个特点：

（1）电动建筑遮阳产品不同于一般电气产品，一般电气产品整个都在自身的防护系统以内，而遮阳产品很大部分没有保护。运行中不仅会受到自身系统的干扰，还会受到来自多方面外来因素的干扰。

（2）建筑遮阳产品用电动装置不同于一般电动装置，它是机电一体化的。尽管有很多类型但都是集动力、减速传动、热保护、行程控制功能于一体的，有的还配置接收器，内部任何故障都会造成电动装置失效。

（3）建筑遮阳产品用电动装置的开关不同于一般电气开关，不仅是开关，它单个产品就有伸展、收回、停；开启、闭合、停三个位置，还有伸展、收回、开启、闭合、停五个位置。

（4）建筑遮阳产品用电动装置的控制不同于一般电气产品的控制，它可以有线、无线控制，可以点控、分组控、群控，可以楼宇控制、楼群控制、计算机网络控制。在控制太阳光入射的同时可以与火警、安保、照明、空调、通风、排烟、门禁、家居等联动控制。

（5）建筑遮阳产品用电动装置的操作不同于一般电气产品的操作，在运行全过程中要监视其运行状态。

3.2.1.2　绳带

绳带用于百叶帘、软卷帘、天篷帘等遮阳产品中，起承载、传动、导向的作用。从材质上分，绳带可分为聚酰胺、聚酯纤维、不锈钢丝绳。聚酯纤维多用于百叶帘，其性能应符合《聚酯纤维机织带规范　第 1 部分：定义、名称和一般要求》GB/T 20630.1—2006 的规定；不锈钢丝绳多用于软卷帘、天篷帘，也可用于百叶帘、软卷帘，其性能应符合《不锈钢丝绳》GB/T 9944—2015。

绳带的力学性能是百叶帘、软卷帘、内置中空玻璃制品等遮阳产品能够正常使用的重要指标，对于不同材质的遮阳产品，绳带力学性能的要求也不相同，如表 3.18 所示。从百叶帘的结构来讲，绳带连接着每片百叶，才能保证百叶帘正常的使用，完成伸展/收回、开启/关闭等动作，所以绳带的使用寿命决定了百叶帘的使用寿命。我国现行标准规定，绳带经过 1000h 的人工加速老化试验后，断裂强力不应低于初始值的 70%。

表 3.18　不同材质遮阳产品用绳带力学性能

种类		断裂强力（N）	断裂伸长率（%）
金属百叶帘	提升绳（带）（外遮阳、中置遮阳）	≥600	—
	提升绳（带）（内遮阳）	≥400	—
	转向绳（带）（外遮阳、中置遮阳）	≥350	≤2.5（50N 的拉力，预加瞬时值 5N）
	转向绳（带）（内遮阳）	≥250	≤2.5（28N 的拉力，预加瞬时值 4.4N）
非金属百叶帘	织物百叶帘　提升绳（带）	≥150	≤15
	织物百叶帘　转向绳（带）	≥100	
	塑料百叶帘　提升绳（带）	≥250	
	塑料百叶帘　转向绳（带）	≥180	
	木百叶帘　提升绳（带）	≥400	
	木百叶帘　转向绳（带）	≥250	
	竹百叶帘　提升绳（带）	≥400	
	竹百叶帘　转向绳（带）	≥250	
内置中空玻璃制品	提升绳	≥180	≤2.5
	转向绳（带）	≥90	≤2.5

3.2.1.3　卷管、卷绳（带）器、卷盘、手摇曲柄

卷管主要用于软卷帘、遮阳篷、天篷帘、硬卷帘等卷取类遮阳产品，卷管连接织物或帘片的一段，并让织物或帘片卷于其上，通过卷管的正向或反向旋转，实现遮阳产品的伸展或收回的动作，如图 3.1 所示。卷管一般选用铝合金材料制成，一端内置管状电动装置或手动提升机构，另一端安装支撑部件。卷管的直径和壁厚根据伸展/收回的长度及承受的荷载计算确定。卷管表面通常采用氧化处理的方式，以改善其变形量，同时也使其不易变弯。卷管的壁厚也直接影响到卷管的挺直度。如果卷管的材质不佳，表面处理效果不良或壁厚不足，都会造成卷管在使用过程中发生弯曲，面料或帘片卷上去必然会产生皱纹，不能平幅卷取。非常重的卷帘门窗的卷管由钢板制成。

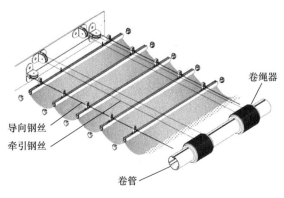

图 3.1　卷管和卷绳器图示

卷绳（带）器是折叠帘、百叶帘、天篷帘中的一个部件，用于保证卷绳（带）有序而不缠绕地卷放，实现遮阳产品的伸展/收回、开启/关闭的动作，如图 3.1 所示。

卷盘是遮阳篷的一种手动操作装置，能够存储皮带，用于实现遮阳篷伸展/收回动作。有的卷盘是用手直接拉皮带，卷盘里的弹簧用于回收松开的皮带，手松开时，棘轮阻止皮带倒转。卷盘上也可装摇柄，用摇柄卷取皮带。卷盘上的皮带，经过处理十分平整，但操作时不可轻率，只要造成皮带褶皱就难以恢复，严重时皮带将不能卷绕，也不能收入盘中。

手摇曲柄是遮阳篷、遮阳帘简单有效的手动操作装置，用于遮阳篷的伸展/收回。手摇曲柄一端是弯折的曲柄，另一端是钩子，钩子锁住传动系统的钩环，通过摇动曲柄，带动传动系统，实现遮阳篷、遮阳帘的伸展收回，如图 3.2 所示。手摇曲柄与遮阳帘、遮阳篷连接采用脱卸式，可以分离。

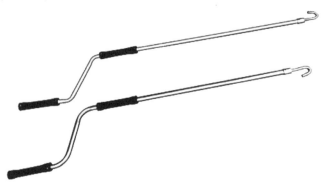

图 3.2　手摇曲柄图示

3.2.1.4　顶轨、底轨、侧轨、罩壳

顶轨主要用于百叶帘、蜂巢帘、布帘等遮阳产品，其截面形状大致分为矩形、方形或异形，用于安装电动装置、传动杆、提升系统（卷绳器）、限位器等部件。顶轨一般用冷

轧钢板或铝合金型材制成。顶轨的形状和壁厚依据预定载重负荷设计，其大小决定了该遮阳产品的允许窗轨长度及帘布重量。顶轨的一端连接操作机构及安装支架，另一端通常采用封套、封头和传动尾箱等装置与安装支架连接。顶轨除了与窗框、墙壁侧面连接方式外，还有可与窗框的顶部连接方式（见图 3.3）。

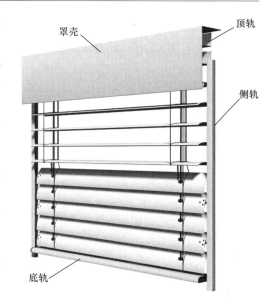

底轨连接于遮阳产品的主体材料，位于遮阳产品的底部，用于牵引遮阳材料向下运动，保证遮阳主体材料的平幅伸展，防止主体材料倾斜。底轨的材质通常为铝合金型材或钢材。底轨截面形状可分为圆形、矩形、异形等。底轨的两端需要加装端盖。

图 3.3　顶轨、侧轨、底轨、罩壳图示

侧轨又称导轨，安装于遮阳产品的两侧，用于引导遮阳主体材料的运动，也有封闭遮阳产品实现全遮光的作用。侧柜的材质一般为铝合金或钢材。

罩壳又称为窗帘箱、窗帘盒，用于收纳、隐蔽、保护收回以后的遮阳产品，同时兼具装饰功能。罩壳的材质一般为铝合金，也有少量采用冷轧钢制成，两端加装端盖。罩壳的外形有矩形、弧形、圆形。

3.2.1.5　五金配件

五金配件所涉及的主要标准有：

《碳素结构钢》GB/T 700—2006；

《热轧钢棒尺寸、外形、重量及允许偏差》GB/T 702—2008；

《冷拉圆钢、方钢、六角钢尺寸、外形、重量及允许偏差》GB/T 905—1994；

《不锈钢棒》GB/T 1220—2007；

《不锈钢冷轧钢板和钢带》GB/T 3280—2015；

《铝合金建筑型材　第 1 部分：基材》GB 5237.1—2008；

《聚乙烯（PE）树脂》GB/T 11115—2009；

《碳素结构钢冷轧薄钢板及钢带》GB/T 11253—2007；

《聚丙烯（PP）树脂》GB/T 12670—2008；

《压铸锌合金》GB/T 13818—2009；

《塑料模塑件尺寸公差》GB/T 14486—2008；

《压铸铝合金》GB/T 15115—2009；

《塑料件通用技术条件》CB 867—1983。

五金件产品所用原材料性能应符合相应标准要求。碳素钢冷拉工艺部件应不低于 GB/T 700—2006、GB/T 905—1994 中的 Q235 的要求；冷轧钢板及钢带应不低于 GB/T 700—2006、GB/T 11253—2007 中的 Q235 的要求；热轧工艺部件应不低于 GB/T 700—2006、GB/T 702—2008 中的 Q235 的要求。压铸锌合金应不低于 GB/T 13818—2009 中的 YZZnAl4Cu1 的要求。挤压铝合金应不低于 GB 5237.1—2008 中的 6064-T5 的要求；压铸铝合金应不低于 GB/T 15115—2009 中的 YZAlSi12 的要求；锻压铝合金应不低于 GB/T 3190—2008 中的 7075 的要求。不锈钢冷轧钢板应不低于 GB/T 3280—2015 中的 06Cr19Ni10（GB/T 1220—2007 的附录 A 有新、旧牌号对照表，用新牌号代替旧牌号）的要求；不锈钢棒应不低于 GB/T 1220—2007 中 06Cr19Ni10 的要求。铜及铜合金应不低于 HPb59-1 的要求。塑料由于其具有易加工成复杂结构，因此其在遮阳产品中多用于制作一些传动零件或配件。具有相应标准的塑料件应符合相应标准，如制作硬卷帘侧扣聚乙烯树脂或聚丙烯树脂应符合《聚乙烯（PE）树脂》GB/T 11115—2009 与《聚丙烯（PP）树脂》GB/T 12670—2008；对于无相应标准的塑料件其性能应符合《塑料模塑件尺寸公差》GB/T 14486—2008 或《塑料件通用技术条件》CB 867—1983。表面喷涂涂料宜采用不低于涂膜加速耐候性能 500h、硬度 H 的要求的材料。

3.2.2 安装配件

3.2.2.1 锚固件

锚固件所涉及的标准有：

《钢筋混凝土用钢　第 1 部分：热轧光圆钢筋》GB 1499.1—2007；

《钢筋混凝土用钢　第 2 部分：热轧带肋钢筋》GB 1499.2—2007；

《建筑用槽式预埋组件》JG/T 560—2018；

《混凝土用机械锚栓》JG 160—2017；

《混凝土结构工程用锚固胶》GB/T ××××（在编）。

锚固件主要是支座和埋件。支座可由热轧角钢、弯折钢板、槽钢经裁切而成，也可采用钢板焊接而成，角钢、钢板或槽钢等的规格、厚度等需要根据设计要求、所受荷载等进行设计；埋件也由型钢、钢板、钢筋、螺栓、锚栓等加工、组合而成，埋件按埋设时间分为预埋件和后锚固件两类。

后锚固件是通过相关技术手段，在已有的混凝土结构上进行锚固的埋件。当在土建中未埋设预埋件、埋件漏放、预埋件偏离设计位置太远、设计变更或旧建筑改造加装遮阳设施时，往往需要采用后锚固件。后锚固件应符合《混凝土结构后锚固技术规程》JGJ 145—2013 的规定，按照地震设计状况和非地震设计状况要求，所要控制的后锚固连接破坏模式，进行后锚固连接承载力设计计算，并对后置锚栓的抗拔承载力进行现场检验。

后锚固件由被连接件与锚栓或被连接件与植筋组成。被连接件宜采用 Q235 钢板或钢件。锚栓分为机械锚栓和化学锚栓两类，而机械锚栓又分为扩底型锚栓和膨胀型锚栓两类。机械锚栓的性能应符合《混凝土用机械锚栓》JG 160—2017（在编）的有关规定，其材质宜为碳素钢、合金钢、不锈钢或高抗腐不锈钢，应根据环境条件及耐久性要求选用，但受拉和受弯的后锚固件不应采用膨胀型锚栓。化学锚栓的性能应通过螺杆和锚固胶的匹配性试验确定，螺杆可为普通全牙螺杆和特殊倒锥形螺杆，螺杆材质应根据环境条件及耐久性要求选用。化学锚栓的锚固胶应根据使用对象和现场条件选用管装式或机械注入式。由于化学锚栓的化学胶粘剂（锚固胶）对热影响比较敏感，因此，应避免在与化学锚栓接触的连接件上连续焊接，防止锚栓升温超出允许的热影响范围，降低锚栓的承载能力。当不可避免时，应采用构造措施改善。化学锚栓的机械注入式锚固胶和用于植筋的胶粘剂应为改性环氧树脂类或改性乙烯基酯类材料，其性能应符合《混凝土结构工程用锚固胶》GB/T ××××（在编）的规定。植筋是指种植于混凝土中的带肋钢筋或全螺纹螺杆。被连接件的规格、形状、锚栓或植筋的类型、规格、长度等，需要根据后埋件所处的环境、所受荷载、埋设条件等，按《混凝土结构后锚固技术规程》JGJ 145—2013 进行设计，并符合《混凝土结构设计规范》GB 50010—2010（2015 年版）的要求。植筋的钢筋应为热轧带肋钢筋或全螺纹螺杆，不得使用光圆钢筋和锚入部位无螺纹的螺杆。用于植筋的热轧带肋钢筋宜采用 HRB400 级，其质量应符合《钢筋混凝土用钢　第 2 部分：热轧带肋钢筋》GB 1499.2—2007 的要求，钢筋的强度指标应按 GB 50010—2010（2015 年版）的规定采用。用于植筋的全螺纹螺杆钢材应采用 Q345 级，并符合《低合金高强度结构钢》GB/T 1591—2008 和《碳素结构钢》GB/T 700—2006 的规定。

预埋件又分平板式预埋件、槽式预埋件、板槽式预埋件等，其中应用较多的是槽式预埋件。槽式预埋件由槽式预埋件和 T 型螺栓副组成，按照钢槽与锚筋的连接方式，分为铸造式、焊接式、机械连接式。

槽式预埋件材料的断后伸长率不应小于 14%，断面收缩率不应小于 30%，不应采用冷加工锚筋。槽式预埋组件的材料应符合表 3.19 的规定。

表 3.19　槽式预埋组件常用材料

材料类型		槽式预埋件		T 型螺栓副
		棒材、型材	铸造件	紧固件
结构钢	牌号/性能等级	Q235B、Q275B	ZG230-450H、ZG270-480H ZG230-450、ZG270-480	5.6 级、8.8 级
	执行标准	GB/T 700—2006	GB/T 7659—2010、 GB/T 11352—2009	GB/T 3098.1—2010、 GB/T 3098.6—2014
不锈钢	牌号/性能等级	06Cr19Ni10、 06Cr17Ni12Mo2	ZG07Cr19Ni9、 ZG07Cr19Ni11Mo2	A2-50、A4-50、 A2-70、A4-70
	执行标准	GB/T 1220—2007、 GB/T 20878—2007	GB/T 2100—2002	GB/T 3098.2—2015、 GB/T 3098.15—2014

槽式预埋件表面应平整、光洁、无裂纹、无毛刺，并应符合以下要求：①焊接式槽式预埋件焊接处应饱满，无裂纹、焊瘤、电弧擦伤、气孔、夹渣等缺陷；②机械连接式槽式预埋件应无松动、脱落，在连接处应无裂纹、卷边等缺陷；③铸造式槽式预埋件应无目视可见的缩孔、夹渣、砂眼、气孔等缺陷。

槽式预埋件的壁厚 t_2 不应小于 4mm，端部锚筋到槽口边缘距离 $n \leqslant 25mm$，锚筋间距 $s \leqslant 250mm$。槽式预埋组件的主要尺寸允许偏差应符合表 3.20 的规定，示意见图 3.4。

表 3.20　槽式预埋组件的尺寸允许偏差（单位：mm）

尺寸规格	槽宽 b_{ch}	槽高 h_{ch}	钢槽长度 l_c	锚筋间距 s	有效锚固深度 h_{ef}	螺栓长度 l_b	厚度 t_1、t_2、t_3
允许偏差	±1	±1	±1%	±2	±2	±0.5	±0.3

图 3.4 中的 T 型螺栓副表面应平整、无折边、无裂纹；螺杆末端应加工有定位沟槽，定位沟槽与底板夹角 α 为 90°，见图 3.5。

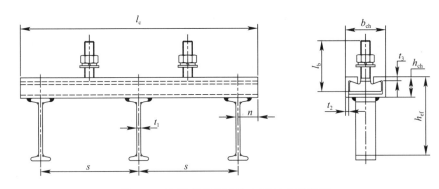

图 3.4　T 槽式预埋组件主要尺寸示意图

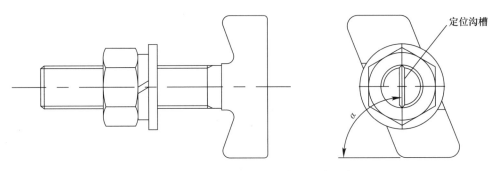

图 3.5　T 型螺栓副螺杆末端定位沟槽示意图

　　槽式预埋组件的表面防腐处理宜采用热浸镀锌工艺或防腐性能不低于热浸镀锌的其他防腐工艺。热浸镀锌应符合以下规定：镀层外观和镀层厚度应符合 GB/T 13912—2002 的相关规定；镀层应进行耐腐蚀盐雾试验，中性盐雾试验防腐时限不应小于 500h 或铜加速乙酸盐雾试验防腐时限不应小于 62.5h。槽式预埋件的钢槽内，宜选用低密度聚乙烯进行填充。当采用其他填充材料时，所选用材料应对人体无毒害且便于拆除，填充应密实。槽式预埋组件应进行本体承载力试验、锚固承载力试验，试验方法及试验结果判定应符合《建筑用槽式预埋组件》JG/T 560—2018（在编）的规定。

3.2.2.2　紧固件

　　紧固件的相关标准有：

　　《紧固件机械性能　螺栓、螺钉和螺柱》GB/T 3098.1—2010；

　　《紧固件机械性能　螺母》GB/T 3098.2—2015；

　　《紧固件机械性能　自攻螺钉》GB/T 3098.5—2016；

　　《紧固件机械性能　不锈钢螺栓、螺钉、螺柱》GB/T 3098.6—2014；

　　《紧固件机械性能　不锈钢螺母》GB/T 3098.15—2014；

　　《紧固件机械性能　不锈钢自攻螺钉》GB/T 3098.21—2014；

　　《螺纹紧固件应力截面积和承载面积》GB/T 16823.1—1997；

　　《紧固件　螺栓、螺钉、螺柱和螺母　通用技术条件》GB/T 16938—2008。

　　紧固件主要有普通螺栓、螺钉（含自攻螺钉）、螺柱和螺母，不锈钢螺栓、螺钉（含自攻螺钉）、螺柱和螺母。普通螺栓、螺钉、螺柱和螺母表面一般采用镀锌处理，用于钢构件与钢构件之间的连接。不锈钢螺栓、螺钉、螺柱和螺母一般用于铝合金构件之间、铝合金构件与钢构件之间（中间加防腐垫片隔离）的连接，以防止螺栓与铝合金接触而产生电化学腐蚀。

紧固件的规格和尺寸应根据设计计算确定，应有足够的承载力和可靠性。螺栓连接的设计要求、计算方法、强度设计值取值等应按《钢结构设计规范》GB 50017—2003 进行。紧固件性能等应符合上述所列标准。

3.3　遮阳产品的控制系统

3.3.1　控制方式

为了达到更加舒适的室内光热环境，可通过遮阳产品的控制系统调节其所处的位置。遮阳产品的控制方式主要有以下三类。

1. 手动控制方式

手动控制方式是指使用手、拉绳、拉珠、棒、摇柄控制遮阳产品开启/闭合、伸展/收回的方式。该类控制方式在遮阳产品中应用最为广泛，可以说在所有活动遮阳产品均有应用。

2. 电动控制方式

电动控制方式是指使用开关、发射器按钮控制电动遮阳产品开启/闭合、伸展/收回的方式。对于多个电动遮阳产品控制方式，又可分为点控制、本地控制、分组控制、中央控制等四类。点控制是指对某一特指电动遮阳产品的控制；本地控制是指对自身所处环境周围的电动遮阳产品进行控制；分组控制是指对建筑中的遮阳产品按照方位、朝向、使用环境等分成若干组、群，一个接收机集体控制一个组，另外对每个群组分别进行控制；中央控制是指对建筑中所有遮阳产品进行控制。

3. 智能控制方式

利用传感器系统感知室内外环境，通过控制系统自动调整遮阳产品的状态和位置，满足对遮阳产品的舒适度、美观度和节能要求。

3.3.2　智能控制系统

随着生活水平不断提高，单一手动或电动控制遮阳产品的运转难以满足人们对室内环境品质的追求。智能控制系统能够根据天气环境、室内环境等参数的变化合理地调节遮阳产品的运转，更好地调节室内光热环境，提升室内环境品质。这也使得智能控制系统逐渐成为遮阳产品不可或缺的部分。根据实际使用的需求，智能控制系统可实现节能舒适功能控制、安全功能控制、控制系统管理功能等。

1. 节能舒适功能控制

节能舒适功能控制可分为自动阳光控制、定时控制、场景节能舒适联动控制等。自动阳光控制是指通过探测阳光照射强度的室外阳光传感器及室外阳光扩展传感器，实时采集建筑日照面上及其阴影部分的数据，跟踪阳光在不同时间、不同方位、不同区域的照射强度，通过软件分析计算既要满足节能要求，也要兼顾优化室内的热环境、风环境和光环境，控制遮阳产品电动装置分别运行到设定位置和角度；定时控制是指配置有定时装置的电动遮阳产品，根据阳光照射在当地的自然时间规律切换控制模式，在工作时间的不同时段自动控制遮阳产品电动装置运行到设定的位置；场景节能舒适联动控制是指在使用电动遮阳自动阳光控制的同时，将制冷、制热、人工照明、通风、排气、排烟组成联动系统，针对不同光照情况及室内外温度情况，实时控制室内外遮阳产品分别运行到相应位置，同时自动切换空调的制冷、制热、通风、排风、排烟的相应模式及灯具的开关，以满足节能性并兼顾舒适性。

2. 安全功能控制

安全功能控制主要是在防火、防风、防雨、防冻等方面进行控制。在防火方面，智能控制系统需与消防系统联动，接到报警后，所有电动遮阳产品会停留在不影响排烟、救援、逃生且不会造成自身损坏的安全位置，在报警信号解除前，不接受其他控制命令，一直保持在安全位置。在防风方面，通过室外遮阳产品配置风速探测装置探测到风速超过设定值时，自动将遮阳产品控制运行到安全位置，在风速没有降到安全风速时，不接受其他控制命令，一直保持在安全位置；另外，风速不均匀，阵风致风速控制频繁动作时，为防止遮阳产品的损坏及保护防风控制功能的正常运行，在防风控制中采用延时管理。在防雨方面，通过室外遮阳产品配置降水探测装置探测到降水时，控制运行到安全位置。在防冻方面，通过配置冰冻探测装置探测到发生冰冻时，禁止遮阳产品运行。

3. 控制系统管理功能

控制系统管理功能涉及控制优先级管理、自动维护申请管理、系统记录显示管理、联网管理、计算机操纵界面管理等方面。遮阳控制系统对不同类型控制命令进行优先级区分，火警安全控制具有高优先级，且在安全功能发生作用时，自动屏蔽其他控制功能；对于非安全控制功能，可以根据使用者要求进行运行级分配，这便是控制优先级管理。自动维护申请管理是指控制系统对遮阳产品的机械耐久性、运行次数进行统计监测，当运行次数达到周期维护次数时，系统发出维护申请信号。系统记录显示管理是指控制系统实时采集并显示遮阳产品的当前状态，记录设置的变更情况、运行情况、故障情况、历史情况、传感器参数变化情况、强制命令情况，还具有历史数据查询、日志管理。联网管理是指控制系统具有互联网通信功能及远程请求，在发生故障时可以向供应商、维护商发出维护请求邮件。计算机操纵界面管理是指使用计算机进行控制，具有简单易用的人机操纵界面，操纵界面显示系统中各传感器，控制模块及遮阳产品的故障状况，并在显著位置显示故障警示信息，通过操纵界面对遮阳产品进行控制，可以查询各种信息，也可以进行简单的功能设置和修改。

3.4 材料选用要点

材料是组成产品的基础，材料性能的优劣决定了产品品质的好坏，不同的应用环境对产品的要求也不尽相同。就遮阳产品而言，其种类较多，组成材料各式各样，因此，材料的选用就成为保障建筑用遮阳产品品质的关键所在。建筑遮阳产品能够调节室内光热环境，具有节能作用，在使用过程中需承受风吹、日晒、雨淋等自然环境的侵蚀，用于室内时需要考虑其环保性。因此，遮阳产品材料的选用要立足于节能性、耐久性、安全性和环保性。

1. 节能性

节能性是遮阳产品的一个重要特性。遮阳产品组成材料的太阳反射比对其节能性能起着十分重要的作用。组成材料的太阳反射比越大，遮阳产品的遮阳系数越小，遮阳产品的节能效果更加显著。因此选用遮阳材料时尽量选择太阳发射比较大的材料。以金属百叶帘片为例，暗色、中间色、白色（普通涂层）、白色（热反射涂层）四种百叶帘片的太阳反射比分别为 14%、36%、52%、78%，白色（普通）比暗色高 22%，白色（热反射涂层）比白色（普通涂层）高 26%。对于光伏组件而言，在实现遮阳的同时产生电能供其他建筑设施的使用，可以说其节能性体现于能源利用率的高低。因此，优先选用能源利用率高的组件产品，也就是具有弱电发光效应的光伏组件以及随着温度升高功率下降较小的组件，即最大功率温度系数绝对值偏低的光伏组件。

2. 耐久性

建筑用遮阳产品的寿命与其组成材料的耐久性息息相关。金属材料表面在建筑用遮阳产品中往往需要经过涂层处理，涂层的耐久性不仅要符合相关标准的规定，还要符合《建筑装饰用金属产品涂层耐久性分级规范》JC/T ××××—201×（在编）。用于外遮阳产品主体材料的涂层宜采用氟碳涂料。织物的耐光色牢度与耐气候色牢度应达到 4 级及以上。绳带贯穿于整个百叶帘叶片，若绳带出现断裂，百叶帘也就无法使用。由此可见，绳带耐久性能决定了百叶帘的使用寿命，因此绳带经 1000h 的人工加速老化试验后，其断裂强力不应低于初始值的 70%。

3. 安全性

用于外遮阳的产品需具备一定的抗风能力而避免被风吹落，对人们生命财产安全构成威胁。遮阳产品的抗风能力反映到材料就是其承载力。而金属材料的承载力与其厚度是密不可分，铝合金受力件最小壁厚不应小于 2.0mm，室外装饰性的非受力件最小壁厚不应小于 1.0mm；钢材受力件最小壁厚不应小于 1.4mm，装饰性的非受力件最小壁厚不应小于 0.8mm。此外，用于铝合金遮阳板的铝合金牌号宜采用 3005 系列，铝型材合金牌号宜采用 6063 系列；用于曲臂遮阳篷、软卷帘、天篷帘的铝合金抗拉强度应大于 160MPa。织物的承载力不仅要承受用于室外时抵抗风压所产生的压力，而且还要承受自身的张力。其承载力与断裂强力和撕破强力有关，用于遮阳织物的断裂强力和撕破强力应符合表 3.21 的规定。采用玻璃制作建筑遮阳产品时宜选用钢化玻璃，最好使用均质钢化玻璃。室内织物的燃烧性能应不低于 GB 8624—2012 中 B_2 级的要求。室内非金属百叶帘所用材料的燃烧性能应不低于 GB 8624—2012 中 B1 级的要求。

表 3.21　外遮阳织物断裂强力和撕破强力的要求

类型		断裂强力（N）		撕破强力（N）	
		经向	纬向	经向	纬向
外遮阳软卷帘		≥1500	≥800	≥20	≥20
内遮阳软卷帘		≥500	≥300	—	—
天篷帘	张紧式	≥2000	≥1500	电动张紧天篷帘帘布的经向撕破强力不小于 100	
	其他	≥1000	≥500		
曲臂遮阳篷		≥1500	≥800	≥40	≥20

4. 环保性

用于室内的织物，其有害物质限量应符合《国家纺织品基本安全技术规范》GB 18401—2010 的规定，甲醛含量不应大于 300mg/kg，不含偶氮，无异味。使用胶粘剂的木材和不透明叶片涂饰的木材应符合《室内装饰装修材料 木家具中有害物质限量》GB 18584—2001 中表 1 的规定。用于室内非金属百叶帘的材料有害物质限量应符合表 3.22 的规定。

表 3.22　室内非金属百叶帘材料有毒有害物质限量

材质	要求
织物	甲醛含量不应大于 300mg/kg
塑料	挥发物的限量不应大于 $35g/m^2$
木质板材	甲醛释放量（大干燥器法）不应大于 1.5mg/L
竹质材料	甲醛释放限量不应大于 1.5mg/L

第4章　建筑遮阳产品性能测试与技术要求

目前，我国已针对建筑遮阳产品的特点，编制产品性能测试方法标准、产品标准 20 余本，涵盖遮阳篷、遮阳帘、百叶帘、硬卷帘、遮阳板、一体化遮阳窗等各类内置、中间、外置遮阳产品。检测方法主要涉及建筑遮阳产品安全、节能、耐久等多方面的性能测试。

安全性是遮阳产品最为关键的基础性能指标，其性能优劣与使用者的人身安全息息相关。主要包括抗风压、耐雪荷载、电气安全等性能测试方法。

节能性是建筑遮阳产品的核心性能指标。遮阳产品节能效果对建筑整体能耗起到了较为关键的作用，良好的节能效果可以提升居住环境舒适性。主要包括气密性、隔热、隔声、热舒适性等性能测试方法。

舒适性是与使用者切身相关的性能指标。在实际使用过程中，遮阳产品舒适性对使用者而言是最直接的。可以有效避免外部眩光造成的不适，同时也可以在满足透视外界的条件下保护室内私密性。主要包括眩光调节性能、夜间私密性能、透视外界性能等检测方法。

耐久性是使用过程中，使用者最能切身体会到的性能指标。同时，优良的耐久性能可以降低维修率，减少产品废弃物产生，对使用安全、环境保护有着积极作用。主要包括机械耐久性、耐积水荷载等性能测试方法。除此之外，操作力、误操作等是体现遮阳产品操作便利性的主要性能指标。

4.1　建筑遮阳产品安全性能测试

4.1.1　抗风性能

1. 简述

抗风性能（wind load resistance performance）是指建筑外遮阳产品在风荷载作用下，变形不超过允许范围且不发生损坏（如：裂缝、面板或面料破损、局部屈服、连接失效等）和功能障碍（如：操作功能障碍、五金件松动等）的能力。

建筑外遮阳产品在室外使用会受到风荷载的作用，影响遮阳产品的正常使用，为此需要制定一种试验方法能够评价遮阳产品的抗风性能的优劣。遮阳产品的抗风性能检测和评估主要有两类：一类是针对大型遮阳构件，通过风洞试验等检验其系统安全性能，这种试验对检测装置要求较高，一般试验室很难达到检测要求；另一类是对遮阳成品，利用一定的静荷载和动荷载换算成一定的蒲浮力风速等级进行试验，这种方法试验简单，可在普通试验室进行试验。

2. 试验目的

测试建筑物外遮阳用遮阳篷、遮阳窗、遮阳帘等产品的抗风性能。测试建筑外遮阳产品在室外使用时受风荷载作用下，产品是否被破坏或变形而影响正常使用，即产品是否超过允许范围或发生损坏（如：裂缝、面板或面料破损、局部屈服、连接失效等）和功能障碍（如：操作功能障碍、五金件松动等）。

3. 试验标准

《建筑外遮阳产品抗风性能试验方法》JG/T 239—2009。

4. 试验注意事项

试验时应注意观察，试验后试样是否发生损坏和出现功能障碍，防止试件突然损坏造成人身伤害。测量试验时遮阳产品的变形、试验前后操作力的变化。测试遮阳窗的抗风性能时，压力箱的开口尺寸应能满足试件安装的要求，箱体应能承受检测过程中可能出现的压力差。试件安装系统应保证试件固定，压力箱开口部位采取密封措施，防止漏风时达不到检测所需要的最大压力差。压力装置应能调节出稳定的气流，并能在规定试件达到检测风压。

4.1.2 耐雪荷载性能

1. 简述

耐雪荷载性能（resistance to snow load）是指遮阳硬卷帘、遮阳板和遮阳百叶帘完全伸展时，在积雪荷载作用下，不发生损坏（如：帘片、板是否脱离导轨；帘片、板或导轨是否出现永久变形、断裂等）的能力。

冬季严寒，时常会有降雪天气，对于水平面夹角小于60°的卷帘、遮阳板（固定式遮阳板除外）和百叶帘等外遮阳产品而言，积雪会对其正常使用产生影响，因此耐雪荷载性能是必须考虑在内的因素。

2. 试验目的

在试验室条件下，对遮阳产品施加模拟检测耐雪荷载后，通过检测试验前后产品操作性能和中心点变形的位移量，判定其耐雪荷载性能。

3. 试验标准

《建筑遮阳产品耐雪荷载性能检测方法》JG/T 412—2013。

4.1.3 抗冲击性能

1. 简述

抗冲击性能（resistance to hard body impact）是指遮阳产品在坚硬物体冲击的情况下，抵抗表面受损或功能障碍等情况的能力。

通过将规定重量的钢球从规定高度释放做摆式运动，模拟重物对遮阳产品指定部位的冲击，检验遮阳产品抗冲击性。抗冲击性能主要用于硬卷帘、室外用百叶帘等硬质叶片遮阳帘类产品。

2. 试验目的

测试硬卷帘、室外用百叶帘等硬质叶片遮阳帘类产品的抗冲击性能。

3. 试验标准

《建筑遮阳产品抗冲击性能试验方法》JG/T 479—2015。

4. 试验注意事项

钢球具有一定的质量，且试验时需要做摆式运动，存在一定的危险性，因此试验前需确定钢球挂点牢固，试验时操作人员应穿安全鞋；试验前需要确保遮阳帘处于完全伸展且关闭的状态，否则会导致钢球不能与试件平面充分接触从而影响试验结果；钢球冲击造成的凹痕往往不是规则的圆形或几何形状，因此试验后需要多次测量并记录凹痕的最大直径或裂缝的最大宽度。

4.1.4　误操作

1. 简述

误操作（misuse）是指对遮阳产品可能发生的错误操作，包括粗鲁操作、强制操作或反向操作。

在使用各类手动的建筑遮阳产品时，可能对遮阳产品会发生错误操作，包括粗鲁操作、强制操作或反向操作。参考 EN 12194：2000《Shutters, external and internal blinds-Misuse-Test method》（百叶窗、室外遮阳帘和室内遮阳帘误操作试验方法），评价错误操作对建筑遮阳产品的影响。

2. 试验目的

评价错误操作对建筑遮阳产品的影响。

3. 试验标准

《建筑遮阳产品误操作试验方法》JG/T 275—2010。

4. 试验注意事项

遮帘或百叶窗的样品要在正常工作状态下进行试验，而且设备要齐全，有必需的操作系统和机械装置，还要有门帘引导系统。在遮帘和百叶窗安装好后，执行一套完整操作，检查其是否正常运行，包括伸展、收回、闭合、摆动板条（均可适用）和所有产品匹配的其他项目，这里尤其要注意限制停止的设置。

4.2　建筑遮阳产品节能性能测试

4.2.1　气密性

1. 简述

气密性能（air permeability performance）是指百叶窗在关闭状态下，阻止空气渗透的能力。

遮阳百叶窗气密性指幕墙可开启部位在正常关闭状态下在室内外压差作用下空气通过量的大小。通风换气也是遮阳百叶窗的主要功能之一，百叶窗具有开启部位，打开时进行室内外空气对流，但在关闭时，开启缝不是绝对密闭的。另外，型材的拼接缝隙、玻璃镶嵌缝隙都会产生渗漏。

产生空气渗漏导致能耗增加的原因可以归纳为缝隙、压力、温差三大要素。但是并非气密性能越高越好，至少应保证一定的换气量，因为在寒冷地区的冬季因不能长时间开窗而室内空气浑浊，影响工作效率，危害身体健康。从阻止沙尘进入、保持室内清洁的角度要求气密性能越高越好。

2. 试验目的

当关闭的百叶窗两侧存在压力差时，会由高气压侧向低气压侧产生空气渗透，空气渗透量的大小体现了百叶窗的气密性能。本试验是通过在实验室条件下，在百叶窗两侧人为制造不同的正压力差（ΔP），并测量不同正压力差（ΔP）下的单位面积空气渗透量值（q），经计算找出压力差与单位面积空气渗透量之间的关系，从而确定百叶窗的气密性能。试验不考虑百叶窗内外温度差引起的低压力差对试验结果的影响。

3. 试验标准

《遮阳百叶窗气密性试验方法》JG/T 282—2010。

4. 试验注意事项

压力箱气密性每季度至少检验一次。测量系统应包括测量空气流量的风速变送器、测量绝对压力差的压差变送器、测量环境温湿度的温湿度计和测量环境大气压的气压表，要求如下：风速变送器精度为±5%；压差变送器量程为 0Pa～100Pa，精度为 1 级；温湿度计温度量程为−10℃～50℃，精度为±1.5℃；气压表量程为 80kPa～106kPa，测量误差不大于 0.2kPa。

4.2.2 隔热性能

1. 简述

遮阳系数（shading coefficient）是指在规定的测试工况下，测试的遮阳产品和 3mm 透明平板玻璃的遮阳系数的比值。

建筑遮阳产品的遮阳效果和室内舒适度是衡量遮阳产品性能的重要指标。遮阳产品的隔热性能通过遮阳系数、太阳的得热系数等参数来分析，可以利用试验室检测和模拟计算两种方法得到。模拟就是通过用分光光度系统测量并计算出玻璃和织物铝合金等材料的太阳得热和遮阳系数，利用国际上通用的 ISO 15099—2003《Thermal performance of windows, doors and shading devices — Detailed calculations》（门窗和遮阳装置的热工性能——详细计算）、EN 13363-1—2002《Solar protection devices combined with glazing-Calculation of solar and light transmittance-Part 1：Simplified method》（建筑遮阳装置太阳光和可见光透射比简化计算方法）以及 EN 13363-2—2005《Solar protection devices combined with glazing-Calculation of total solar energy transmittance and light transmittance-Part 2：Detailed calculation method》（建筑遮阳装置太阳光和可见光透射比精确计算方法）中提供的数学模型，结合 Windows 5.2 和 therm 等通用计算软件进行模拟计算。试验室检测方法则是在规定的标准状态下，对透过遮阳设施进入室内的总热量进行测量，计算出它的"综合遮阳系数"，从而对遮阳产品的隔热性能进行评价。

2. 试验目的

建筑遮阳隔热性能的检测主要用于除遮阳篷、遮阳板以外的建筑遮阳产品隔热性能的试验。测试带遮阳装置的建筑外窗和没有遮阳装置的建筑外窗，在遮阳系数、能耗、室内热环境等方面的差异，以及对室内采光和自然通风等方面的影响。主要用于产品质量检验、仲裁检验。

3. 试验标准

《建筑遮阳产品隔热性能试验方法》JG/T 281—2010。

4. 试验注意事项

（1）样品安装

样品安装位置应与实际使用状态一致，起到同样的遮蔽效果。对于中装遮阳产品，冷热侧与窗洞接缝处均应采取密封措施。

（2）温度控制

冷室温度在允许波动范围内若呈现单向增长趋势则视为未稳定，应延长系统稳定时间。防护箱的温度应尽可能与冷室温度接近，其差值应不大于 0.5℃。

4.2.3　遮光性能

1. 简述

建筑遮阳产品对光具有一定的透射和反射作用，反映出产品的不同适用性能，参考 ISO 15099—2003《Thermal performance of windows, doors and shading devices-Detailed calculations》（门窗和遮阳设备的热性能详细计算）、EN 13363-1—2002《Solar protection devices combined with glazing-Calculation of solar and light transmittance-Part 1: Simplified method》（建筑遮阳装置太阳光和可见光透射比简化计算方法）和 EN 13363-2—2005《Solar protection devices combined with glazing-Calculation of total solar energy transmittance and light transmittance-Part 2: Detailed calculation method》（建筑遮阳装置太阳光和可见光透射比精确计算方法）中对遮阳产品光性能的检测方法，利用分光光度计可对遮阳产品的直射-直射的透过率、直射-直射的反射率、散射-散射的反射率进行检测，然后利用一定的计算模型进行计算，可以得出遮阳产品的光学参数指标。

2. 试验目的

测量建筑遮阳产品的光学性能，主要包括法向太阳光直接透射比、可见光透射比、可见光反射比。适用于建筑外遮阳和内遮阳产品，包括建筑遮阳软卷帘、建筑遮阳百叶帘、建筑内置遮阳产品等。

3. 试验标准

《建筑遮阳产品遮光性能试验方法》JG/T 280—2010。

4. 试验注意事项

（1）试验温度在 15℃～35℃之间的环境下进行，相对湿度小于 50%（无结露）。

（2）试验应检查仪器状态是否正常，试验过程中保持仪器清洁防尘，样品室清洁干燥，应避免有强烈的震动或持续震动；且周围应无高强度的磁场、电场及发出高频波的电器设备。

（3）放置样品时应注意保持光线与样品实际使用时太阳光的入射方向一致，若光线入射方向与实际情况相反，将影响其光学性能的检验结果。

4.3　建筑遮阳产品舒适性能测试

4.3.1　操作力

1. 简述

操作力（operating force）是指解除制锁状态下，伸展、收回手动遮阳产品所需的力，或开启、关闭手动遮阳叶片、板所需的力。

使用建筑物用各类手动遮阳产品时，需要伸展、收回遮阳产品，开启、关闭遮阳百叶片、板。需要检查试样能否正常伸展、收回、锁定，叶片、板能否正常开启、关闭。测试操作力时按照厂家设计规定的最大操作限度进行。参考了 EN 13527—1999《Shutters and blinds-measurement of operating force-test methods》（建筑遮阳产品操作力试验方法）。但仅按照试样的操作方式规定相应的操作力试验方法，不具体规定各类产品类型的试验方法。

2. 试验目的

对建筑物用各类手动遮阳产品的操作力进行测试，包括拉动操作、转动操作、直接（手或杆）操作、开启、关闭遮阳叶片、板等。

3. 试验标准

《建筑遮阳产品操作力试验方法》JG/T 242—2009。

4. 试验注意事项

直接（手或杆）操作的遮阳产品有四种类型，操作力试验位置如图 4.1 所示：

（1）H 形：在水平面伸展和收回的遮阳帘。试验时在产品水平面按图 4.1（a）所示位置进行试验。

（2）V 形：在垂直面伸展和收回的遮阳帘。试验时在产品垂直面位置按图 4.1（b）所示位置进行试验。

（3）S 形：在水平面伸展和收回的遮阳窗。试验时在产品的水平面位置按图 4.1（c）所示位置进行试验。

（4）P 形：在垂直面开启和关闭遮阳窗〔见图 4.1（d）〕。遮阳窗从开启到关闭状态时，试样与水平面成 10°夹角时〔见图 4.1（e）〕进行试验；遮阳窗从关闭到开启状态时，在与试样垂直的正交平面〔见图 4.1（f）〕进行试验。

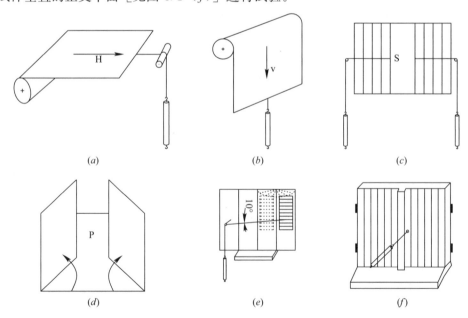

图 4.1　直接（手或杆）操作产品类型与试验位置

(a) H 形；(b) V 形；(c) S 形；(d) P 形；(e) P 形收回；(f) P 形伸展

4.3.2　热舒适和视觉舒适性能

1. 简述

热舒适性能由太阳能总透射比、向室内侧的二次传热、太阳光直射-直射透射比三个参数进行综合评价。太阳能总透射比主要影响夏季室内温度和空调负荷；向室内侧的二次传热主要影响人体对热辐射的感觉即烘烤感；太阳光直射-直射透射比主要影响室内人和环境直接受到太阳光辐射的程度。上述参数应通过测试被测试件的光学参数计算得出；对于可调节叶片角度的遮阳装置至少应计算太阳高度角 45°、方位角 0°且叶片倾角 45°时的太阳能总透射比。

视觉舒适性能由不透光度、眩光调节性能、夜间私密性能、透视外界性能及日光利用性能五个参数进行综合评价。不透光度主要影响室内光效环境，如卧室、艺术品陈列室等；眩光调节性能主要影响亮度极端对比产生的视觉不舒适感；夜间私密性能主要是阻隔被外界透视；透视外界性能主要是识别外界目标的能力；日光利用性能主要是利用太阳光减少室内照明的能力。眩光调节性能、透视外界性能、夜间私密性能和日光利用性能应通过测试被测试件的光学参数计算得出；不透光度应通过测试产品或材料的透光等级得出。

2. 试验目的

用于检测构造整体均匀、遮蔽满窗的各种类型的建筑遮阳产品，包括室外和室内用的遮阳百叶、遮阳篷、遮阳帘与遮阳板的遮阳热舒适、视觉舒适性能。

3. 试验标准

《建筑遮阳热舒适、视觉舒适性能检测方法》JG/T 356—2012。

4. 试验注意事项

遮阳装置热舒适的影响参数主要取决于太阳得热控制、二次得热、直射透射防护。视觉舒适的影响参数主要包括眩光调节、夜间私密性、透视外界的能力和日光利用，这与遮阳产品的光学性能有很大关系，测试时应达到的光学设备的使用状态。百叶倾斜 45°角时的 τ_e 值可被视作直射-半球太阳光透射比，但应排除镜面抛光的遮阳产品，同时要考虑倾斜的遮阳百叶在没有阳光直射透射时所处的边界状态。还有一些遮阳装置的透射外界能力较差，在阳光照射下会使遮阳装置产生反光现象，此类遮阳装置不利于形状识别。

4.3.3　声学性能

1. 简述

在使用室内遮阳产品的时，要充分考虑电动遮阳产品的噪声情况和遮阳产品的吸声性能，避免影响室内人员的休息或工作，因此要对遮阳产品的声学性能进行测量。

降噪系数（noise reduction coefficient，NRC）是指吸声性能单值评价量。对 250Hz、500Hz、1000Hz、2000Hz 四个频率测得的吸声系数进行算术平均得到的单值，以 0.05 为最小倍数，其末尾为 0 或 5。

2. 试验目的

测量室内遮阳产品的吸声性能及电动遮阳产品的噪声性能。

3. 试验标准

《建筑遮阳产品声学性能测量》JG/T 279—2010。

4.试验注意事项

试件应以接近实际使用的方式（如垂直、水平或倾斜）安装在台架上，台架位于反射面上方自由场鉴定合格区域的中心部位。台架应采取有效措施，避免产生二次结构噪声和反射声影响。台架的高度应保证电机、传动及控制设备箱的地面与地面之间的距离为2m。将遮阳产品朝向室内的一面作为试件的测量面。在测量面的一侧，遮阳产品的外框和台架外框的表面应对齐，以免框架边缘产生反射声。

4.4 建筑遮阳产品耐久性能测试

4.4.1 耐积水荷载性能

1.简述

耐积水荷载性能（resistance to water pocket）是指遮阳篷完全伸展时，在积水荷载作用下，不发生损坏（如：裂缝、面料破损、局部屈服、连接失效等）和功能障碍（如：操作功能障碍、五金件松动等）的能力。

雨水荷载对外遮阳产品，尤其对遮阳篷而言是不可忽略的因素，它会影响遮阳产品的正常使用。要评价一个遮阳产品性能的优劣，耐积水荷载性能是必要的检测项目。遮阳产品的耐积水荷载性能，主要是检测篷布表面由于不断积水变形形成的水袋是否会对产品产生破坏和变形（见图4.2），从而影响正常使用。

2.试验目的

评价遮阳篷完全伸展时，在积水荷载作用下，不发生损坏（如：裂缝、面料破损、局部屈服、连接失效等）和功能障碍（如：操作功能障碍、五金件松动等）的能力。

3.试验标准

《建筑遮阳篷耐积水荷载试验方法》JG/T 240—2009。

4.试验注意事项

在试验过程中，应对接电的构件进行保护，防止水滴渗入引发电击事故；试验位置处应有良好的排水措施，避免积水影响试验；做好防护措施，防止试件突然损坏造成人身伤害。

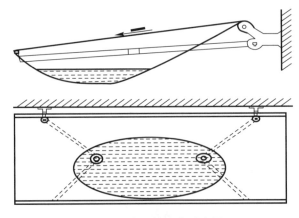

图4.2 遮阳篷水袋示意图

4.4.2　机械耐久性能

1. 简述

机械耐久性能（mechanical endurance）是指建筑遮阳产品在多次伸展和收回、开启和关闭作用下，不发生损坏（如：裂缝、面板或面料破损、局部屈服、连接失效等）和功能障碍（如：操作功能障碍、五金件松动等）的能力。

在使用手动、电动控制的建筑用遮阳篷、遮阳帘、遮阳窗和遮阳板等建筑遮阳产品时，在多次伸展和收回、开启和关闭作用下，可能会发生损坏。参考 EN 14201—2004《Blinds and shutters-Resistance to repeated operations（mechanical endurance）—Methods of testing》（建筑遮阳产品反复启闭操作（机械耐久性能）试验方法），评价建筑遮阳产品在多次伸展和收回、开启和关闭作用下，不发生损坏（如：裂缝、面板或面料破损、局部屈服、连接失效等）和功能障碍（如：操作功能障碍、五金件松动等）的能力。

2. 试验目的

评价建筑遮阳产品在多次伸展和收回、开启和关闭作用下，不发生损坏（如：裂缝、面板或面料破损、局部屈服、连接失效等）和功能障碍（如：操作功能障碍、五金件松动等）的能力。

3. 试验标准

《建筑遮阳产品机械耐久性能试验方法》JG/T 241—2010。

4. 试验注意事项

非环形绳或带拉动操作方式（有卷盘）的产品在进行机械耐久性能试验前，应对卷盘锁定装置进行 20000 次反复操作试验，观察其有无损坏或功能性障碍（见图 4.3）。试验设备弹簧的弹性系数和长度能够满足在最远端达到 90N 的拉力，传送带或绳的外露长度为 200mm～400mm。

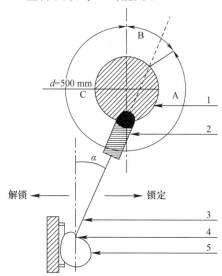

图 4.3　卷盘锁定装置的试验设备
1—驱动盘；2—弹簧；3—传动带或绳；
4—卷盘锁定装置；5—卷盘

4.5　建筑遮阳产品技术要求

4.5.1　遮阳篷

1. 相关标准

《建筑用曲臂遮阳篷》JG/T 253—2015。

2. 产品构造

曲臂遮阳篷的定义为遮阳材料为软性材质，采用卷曲方式实现伸展与收回，主要遮挡安装面围护结构及产品下方空间太阳光的遮阳装置。主要有平推式、摆转式、斜推式三种，分别见图 4.4、图 4.5、图 4.6。

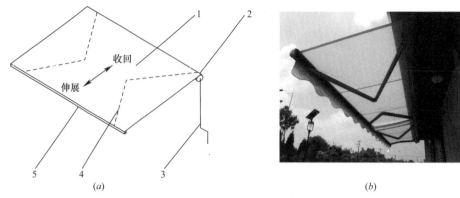

图 4.4　平推式曲臂遮阳篷示意图与实物图

（a）平推式曲臂遮阳篷示意图；（b）平推式曲臂遮阳篷

1—帘布；2—卷管；3—手动装置；4—曲臂；5—引布杆

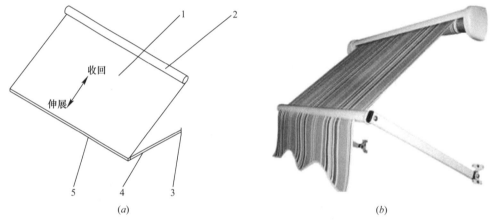

图 4.5　平推式曲臂遮阳篷示意图与实物图

（a）摆转式曲臂遮阳篷示意图；（b）摆转式曲臂遮阳篷

1—帘布；2—卷管；3—铰链基座；4—曲臂；5—引布杆

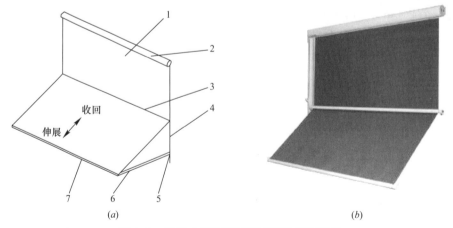

图 4.6　斜伸式曲臂遮阳篷示意图与实物图

（a）斜伸式曲臂遮阳篷示意图；（b）斜伸式曲臂遮阳篷

1—帘布；2—卷管；3—导向杆；4—导轨；5—限位座；6—曲臂；7—引布杆

3. 主要性能指标

曲臂遮阳篷的主要性能指标有：操作力、耐积水荷载性能、抗风性能、机械耐久性能，主要性能指标要求如表 4.1 所示。

表 4.1　曲臂遮阳篷主要性能指标要求表

主要性能	主要要求
操作力	手动曲臂遮阳篷的操作力分为 4 级，最低等级的最大操作力不大于 90N，平稳运行最大操作力不大于 30N
耐积水荷载性能	曲臂遮阳篷耐积水荷载性能分为 1 级和 2 级，应在规定的水流量下不发生损坏和功能障碍
抗风性能	曲臂遮阳篷耐抗风性能分 4 个等级，完成安全测试后帘布应无破损，机构装置无松动，能实现正常运行
机械耐久性能	曲臂遮阳篷机械耐久性能分 3 个等级，经过规定次数的反复伸展和收回测试后，帘布应无破损，机构装置无松动，能实现正常运行

4.5.2　天篷帘

1. 相关标准

《建筑用遮阳天篷帘》JG/T 252—2015。

2. 产品构造

遮阳天篷帘按照结构不同可分为：电动张紧式遮阳天篷帘、弹簧电动张紧式遮阳天篷帘、扭力卷取式遮阳天篷帘、钢丝导向折叠式遮阳天篷帘、轨道导向折叠式遮阳天篷帘。电动张紧式遮阳天篷帘为使用一对电机，在伸展与收回中保持帘布伸展部分有恒定张力的天篷帘，见图 4.7；弹簧电动张紧式遮阳天篷帘为使用一台电机和一套弹簧系统，在伸展与收回中保持帘布伸展部分承受有限张力的天篷帘，见图 4.8；扭力卷取式遮阳天篷帘为使用一台电机和一组套管弹簧系统，通过控制钢丝正、反卷绕使帘布自然伸展、卷取收回的天篷帘，见图 4.9；钢丝导向折叠式遮阳天篷帘为采用电机控制钢丝正反卷绕，使帘布沿导向钢丝轨迹折叠伸展与收回的天篷帘，见图 4.10；轨道导向折叠式遮阳天篷帘为采用电机和双轨道系统，使帘布沿导向轨道折叠伸展与收回的天篷帘，见图 4.11。

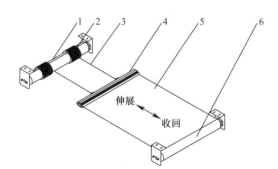 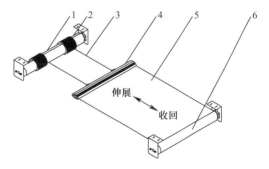

图 4.7　电动张紧式遮阳天篷帘结构示意图
1—卷管（内置管状电机）；2—卷绳器；
3—牵引钢丝；4—引布杆；
5—帘布；6—卷管（内置管状电机）

图 4.8　弹簧电动张紧式遮阳天篷帘结构示意图
1—卷管（内置管状电机）；2—卷绳器；
3—牵引钢丝；4—引布杆；
5—帘布；6—卷管（内置弹簧系统）

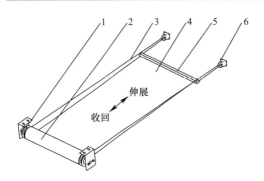

图 4.9　扭力卷取式遮阳天篷帘结构示意图
1—卷绳器；2—卷管（内置管状电机）；
3—导向支撑钢丝；4—牵引钢丝；
5—帘布；6—引布杆

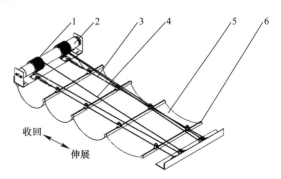

图 4.10　钢丝导向折叠式遮阳天篷帘结构示意图
1—卷管（内置管状电机）；2—卷绳器；
3—牵引钢丝；4—引布杆；
5—帘布；6—卷管（内置弹簧系统）

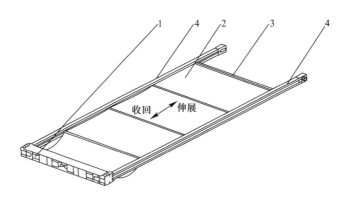

图 4.11　轨道导向折叠式遮阳天篷帘结构示意图
1—电机；2—帘布；3—引布杆；4—导轨

3. 主要性能指标

遮阳天篷帘的主要性能指标有：抗风性能、机械耐久性能，主要性能指标要求如表 4.2 所示。

表 4.2　曲臂主要性能指标要求

主要性能	主要要求
抗风性能	室外遮阳天篷帘抗风性能分 4 个等级，完成安全测试后帘布应无破损，机构装置无松动，能实现正常运行
机械耐久性能	遮阳天篷帘机械耐久性能分 3 个等级，经过规定次数的反复伸展和收回测试后，帘布应无破损，机构装置无松动，能实现正常运行

4.5.3　金属百叶帘

1. 相关标准

《建筑用遮阳金属百叶帘》JG/T 251—2009。

2. 产品构造

遮阳金属百叶帘是指叶片为金属材料的百叶帘，一般由顶槽、叶片、操作装置、传动装置、底杆（底槽）等组成。按传动方式不同，可分为手动式和电动式。叶片表面处理材质有氟碳、聚酯、阳极氧化等。其手动与电动产品的构造示意图和实物图见图 4.12 和图 4.13。

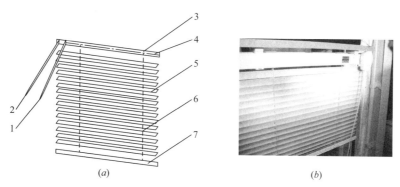

图 4.12　手动金属百叶帘示意图与实物图

（a）手动金属百叶帘示意图；（b）手动金属百叶帘

1—拉绳；2—调光棒；3—传动系统；4—顶槽；5—水平叶片；6—梯绳；7—底杆

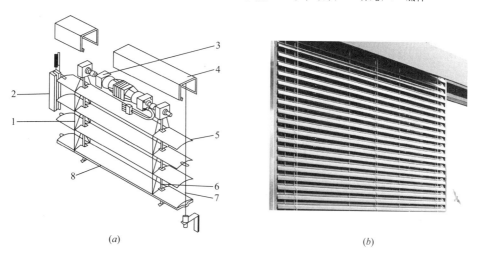

图 4.13　电动金属百叶帘示意图与实物图

（a）电动金属百叶帘示意图；（b）电动金属百叶帘

1—转向绳（带）；2—导轨；3—电机；4—顶槽；5—叶片；6—提升绳（带）；7—导向钢索；8—底槽

3. 主要性能指标

金属百叶帘的主要性能指标有：涂层要求（膜厚、涂层性能）、提升绳（带）和转向绳（带）的力学性能和耐老化性能、操作力、机械耐久性、抗风性能、噪声、尺寸、外观质量，主要性能指标要求如表 4.3 所示。

表 4.3　金属百叶帘主要性能指标要求

主要性能	主要要求
涂层要求	膜厚和涂层性能应满足表 4.4～表 4.6 的要求
提升绳（带）和转向绳（带）	力学性能应满足表 4.7 的要求；耐老化性能：外遮阳、中置遮阳百叶帘的提升绳（带）经过人工加速老化 1000h 后，断裂强力不应低于初始值的 70%

主要性能	主要要求
操作力	转动操作力不应大于30N，拉动操作力不应大于90N，直接（手或杆）垂直面操作不应大于90N、水平或斜面操作不应大于50N
机械耐久性能	按照规定的次数进行反复操作试验后，金属百叶帘整个系统（包括绳、带、滑轮、金属锁扣等）应无任何破坏，机械部位不得有明显的噪声。叶片倾斜的传动应平稳且能保持开启和关闭间任意的角度位置。操作力数值维持在限制内，各绳、带的断裂强力不应低于试验前的75%
抗风性能	在额定测试压力的作用下，金属百叶帘的正常使用不受影响，不会产生永久变形或损坏，残余变形不得大于宽度的5‰；在安全测试压力的作用下，金属百叶帘不会产生安全危险，即不会从导轨中脱出
噪声	内遮阳百叶帘运行时噪声不应大于55dB（A）

表 4.4　膜厚要求（单位：μm）

表面种类			膜厚要求
氟碳	辊涂	二涂	平均膜厚≥25，最小局部膜厚≥23
		三涂	平均膜厚≥32，最小局部膜厚≥30
	喷涂	二涂	平均膜厚≥30，最小局部膜厚≥25
		三涂	平均膜厚≥40，最小局部膜厚≥34
		四涂	平均膜厚≥65，最小局部膜厚≥55
聚酯	辊涂		平均膜厚≥10，最小局部膜厚≥8
	喷涂		平均膜厚≥25，最小局部膜厚≥20
	粉末		最小局部膜厚≥40
阳极氧化	AA5		平均膜厚≥5，最小局部膜厚≥4
	AA10		平均膜厚≥10，最小局部膜厚≥8
	AA15		平均膜厚≥15，最小局部膜厚≥12
	AA20		平均膜厚≥20，最小局部膜厚≥16
	AA25		平均膜厚≥25，最小局部膜厚≥20

表 4.5　有机涂层性能要求

项目			要求	外、中置遮阳	内遮阳
光泽度偏差	低光<30		±5	√	√
	30≤中光<70		±7		
	高光≥70		±10		
附着力			0级	√	√
漆膜硬度			≥HB	√	√
耐酸性			无变化	√	—
耐砂浆性			无变化	√	—
耐冲击（N·m）			≥4	√	√
耐候性	耐盐雾性，1500h		不次于1级	√	—
	耐湿热性，1500h		不次于1级	√	—
	耐人工候加速老化性，1000h	色差	ΔE≤3.0NBS	√	—
		光泽保持率	≥70%		
		粉化	不次于0级		
		其他老化性能	不次于0级		

表 4.6　阳极氧化膜性能要求

项目		要求	外、中置遮阳	内遮阳
光泽度偏差	低光＜30	±5		
	30≤中光＜70	±7	√	√
	高光≥70	±10		
封孔质量（mg/dm²）		失重≤30	√	—
耐候性	铜加速乙酸盐雾试验，24h	≥9 级	√	—
	耐湿热性，1500h	不次于 1 级	√	—
	耐人工候加速老化性，1000h	色差	ΔE≤3.0NBS	√	—
		光泽保持率	≥70%	
		其他老化性能	不次于 0 级	

表 4.7　提升绳（带）和转向绳（带）力学性能

种类	断裂强力（N）	伸长率（%）
提升绳（带）（外遮阳、中置遮阳）	≥600	—
提升绳（带）（内遮阳）	≥400	—
转向绳（带）（外遮阳、中置遮阳）	≥350	≤2.5（50N 的拉力，预加瞬时值 5N）
转向绳（带）（内遮阳）	≥250	≤2.5（28N 的拉力，预加瞬时值 3.4N）

4.5.4　非金属百叶帘

1. 相关标准

《建筑用遮阳非金属百叶帘》JG/T 499—2016。

2. 产品构造

非金属百叶帘由连续的多片相同的片状非金属材料组成，可伸展/收回或开启/关闭，形成连续重叠面用于遮挡阳光的遮阳帘。产品一般由顶槽、操作装置、传动系统、叶片、梯绳、拉绳、底杆（配重块）等组成。按操作方式，可分为手动式和电动式；按叶片材质，可分为织物、木质、塑料、竹质等百叶帘；按叶片方向，可分为水平帘和垂直帘。产品的构造图和实物图如图 4.14 和图 4.15 所示。

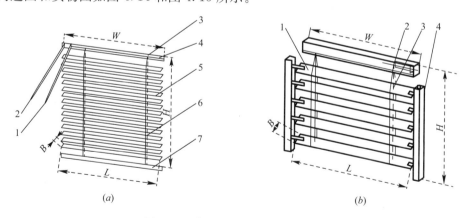

(a)　　　　　　　　　　　　　　*(b)*

图 4.14　非金属百叶帘示意图（一）

（a）手动水平遮阳非金属百叶帘示意图；（b）电动水平遮阳非金属百叶帘示意图

1—拉绳；2—调光棒；3—传动系统；4—顶槽；5—叶　1—叶片；2—电机；3—梯绳；4—导轨；H—百叶帘高
片；6—梯绳；7—底杆；H—百叶帘高度；W—百叶　度；W—百叶帘宽度；L—叶片长度；B—叶片宽度
帘宽度；L—叶片长度；B—叶片宽度

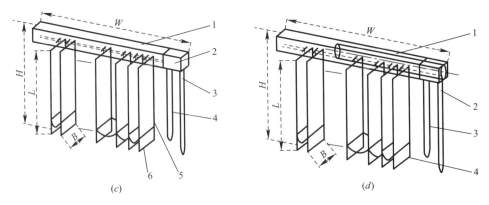

图 4.14 非金属百叶帘示意图（二）

（c）手动垂直遮阳非金属百叶帘示意图；（d）电动垂直遮阳非金属百叶帘示意图

1—顶槽及传动系统；2—手动操作装置；3—拉珠；　　1—顶槽及传动系统；2—电动操作装置；3—叶片；4—配
4—拉绳；5—叶片；6—配重块；H—百叶帘高度；　　重块；H—百叶帘高度；W—百叶帘宽度；L—叶片长度；
W—百叶帘宽度；L—叶片长度；B—叶片宽度　　　　　B—叶片宽度

图 4.15 非金属百叶帘实物图

（a）织物百叶帘；（b）塑料百叶帘；（c）木百叶帘；（d）垂直百叶帘

3. 主要性能指标

非金属百叶帘的性能指标包括外观质量、尺寸偏差、扭拧度、顺弯度、横弯度、翘弯度、绳（带）力学性能和耐老化性能、操作力、机械耐久性、抗风性能、遮阳系数。其中遮阳系数无明确要求，仅提出分级要求，符合设计即可。主要性能指标要求如表 4.8 所示。

表 4.8　金属百叶帘主要性能指标要求

主要性能	主要要求
扭拧度	应满足表 4.9 的要求
顺弯度	
横弯度	
翘弯度	
绳（带）	力学性能应满足表 4.10 的要求；耐老化性能：外遮阳、中间遮阳非金属百叶帘的绳（带）经过人工加速老化 1000h 后，断裂强力不应低于初始值的 70%
操作力	手动操作的非金属百叶帘操作力不应大于 50N
机械耐久性能	对手动非金属百叶帘按照规定的次数进行反复操作试验后，应符合下列规定：（1）整个系统（包括绳/带、滑轮、金属锁扣等）应无任何破坏，机械部位不应有明显的噪声。叶片倾斜的传动机构应平稳且能保持开启和关闭间任意的角度位置；（2）操作力不应大于 50N；对电动非金属百叶帘按照规定的次数进行反复操作试验后，应符合下列规定：（1）整个系统（包括绳/带、滑轮、金属锁扣等）应无任何破坏，机械部位不得有明显的噪声。叶片倾斜的传动机构应平稳且能保持开启和关闭间任意的角度位置；（2）试验前后一个完整收回过程的速度变化率不应超过 20%；（3）电机转动两圈后停止，测量完全伸展、收回极限位置与初始值的偏差，极限位置的允许偏差应符合标准规定；（4）机械制动性能应符合 JG/T 278 的规定。施加非金属百叶帘 1.15 倍的负荷并维持 24h 后，中线位置所处的位移不应大于 5mm；（5）注油部件不应有渗漏现象
抗风性能	对于外遮阳和中置遮阳非金属百叶帘应进行抗风性能试验。在额定测试压力作用下，非金属百叶帘的正常使用不应受影响，不会产生持久变形或损坏，残余变形不应大于宽度的 5‰；在安全测试压力的作用下，非金属百叶帘不会产生安全危险。按额定荷载（P）和安全荷载（1.2P）确定抗风性能等级
遮阳系数	非金属百叶帘的遮阳系数按完全伸展并关闭状态下的数值进行分级

表 4.9　叶片变形性能

项目	产品分类	织物百叶帘	塑料百叶帘	木百叶帘	竹百叶帘
扭拧度（mm/m）	水平帘	≤5.0	≤2.0	≤2.0	≤2.0
	垂直帘	≤5.0	≤2.0	≤2.0	≤2.0
横弯度（mm）	水平帘	—	≤$L^2/2$	≤2L	≤2L
	垂直帘	≤L	≤$L^2/4$	—	—
翘弯度（mm）	—	≤0.04B	≤0.04B	≤0.04B	≤0.04B
顺弯度（mm）	L≤1.5	≤5			
	1.5<L≤2.5	≤10			
	2.5<L≤3.5	≤15			
	L>3.5	≤20			

注：1. L 的单位为米。
　　2. "—" 为不检测项目。

表 4.10　提升绳（带）和转向绳（带）的断裂强力与断裂伸长率

种类		断裂强力（N）	断裂伸长率（%）
织物百叶帘	提升绳（带）	≥150	≤15
	转向绳（带）	≥100	
塑料百叶帘	提升绳（带）	≥250	
	转向绳（带）	≥180	
木百叶帘	提升绳（带）	≥400	
	转向绳（带）	≥250	
竹百叶帘	提升绳（带）	≥400	
	转向绳（带）	≥250	

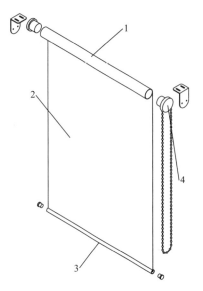

图 4.16 拉珠（绳）遮阳软卷帘
结构示意图

1—卷管；2—下料帘布；

3—底轨；4—拉珠装置

4.5.5 软卷帘

1. 相关标准

《建筑用遮阳软卷帘》JG/T 254—2015。

2. 产品构造

建筑用遮阳软卷帘按照操作装置分为拉珠（绳）遮阳软卷帘、弹簧遮阳软卷帘、电动遮阳软卷帘。拉珠（绳）遮阳软卷帘为采用手动拉珠（绳）装置，带动卷管旋转使软性帘布伸展与收回的软卷帘，见图 4.16。弹簧遮阳软卷帘为采用手动弹簧装置，带动卷管旋转使软性帘布伸展与收回的软卷帘，见图 4.17。电动遮阳软卷帘为采用电动装置带动卷管旋转使软性帘布伸展与收回的软卷帘，见图 4.18。

3. 主要性能指标

软卷帘的主要性能指标包括操作力、机械耐久性、抗风性能，主要性能指标要求如表 4.11 所示。

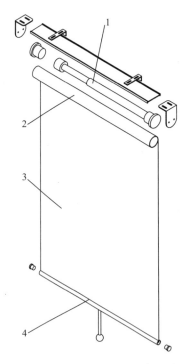

图 4.17 弹簧遮阳软卷帘结构示意图

1—弹簧装置；2—卷管；

3—下料帘布；4—底轨

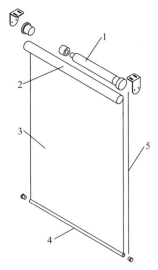

图 4.18 电动遮阳软卷帘结构示意图

1—电机；2—卷管；3—下料帘布；

4—底轨；5—导向钢丝绳

表 4.11　软卷帘主要性能指标要求

主要性能	主要要求
操作力	拉珠软卷帘伸展收回过程的手动操作力不应大于 90N，弹簧软卷帘伸展收回过程的手动操作力不应大于 50N
机械耐久性	软卷帘机械耐久性能分 3 个等级，经过规定次数的反复伸展和收回测试后，帘布应无破损，机构装置无松动，能实现正常运行
抗风性能	室外遮阳软卷帘抗风性能分 4 个等级，完成安全测试后帘布应无破损，机构装置无松动，能实现正常运行

4.5.6　硬卷帘

1. 相关标准

《建筑遮阳硬卷帘》JG/T 443—2014。

2. 产品构造

硬卷帘为采用卷取方式，使由金属或塑料等硬性材质制成的帘片伸展和收回的建筑用外遮阳产品，包括手动卷盘、手动曲柄、电力驱动等操作方式，由传动系统、连接器、卷管、罩壳、端座、导轨、帘片、底座条、底座组成。其构造示意图和实物图分别见图 4.19 和图 4.20。

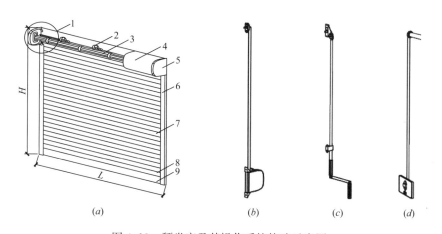

图 4.19　硬卷帘及其操作系统构造示意图

（a）硬卷帘结构示意图；（b）手动卷盘；（c）手动曲柄摇杆；（d）电动传动

1—传动系统；2—连接器；3—卷管；4—罩壳；5—端座；6—导轨；7—帘片；8—底座条；9—底座

硬卷帘的帘片有弧形和平板型两种，见图 4.21。常见的为挤压成型或滚压成型的铝合金帘片，表面采用粉末喷涂、氟碳喷涂、阳极氧化等防腐措施，内部可填充聚氨酯等保温材料，挤压成型的帘片厚度较大，具有较高的抗风性能。

3. 主要性能指标

硬卷帘的主要性能指标有：金属帘片耐腐蚀性、操作力、机械耐久性能、抗风性能、耐雪荷载性能、抗冲击性、隔声性能、遮阳系数、传热系数，其中隔声性能、遮阳系数、传热系数分级要求，符合设计即可，无明确要求，其他性能根据《建筑遮阳硬卷帘》JG/T 443—2014 的规定，应符合表 4.12 的要求。

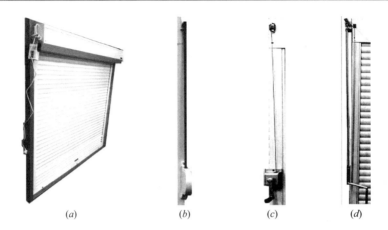

图 4.20 硬卷帘及其操作系统实物图

（a）电动硬卷帘；（b）手拉皮带；（c）手摇钢丝；（d）手动曲柄摇杆

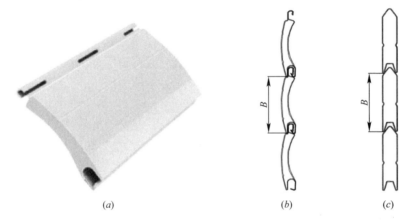

图 4.21 硬卷帘帘片实物及结构示意图

（a）硬卷帘帘片；（b）弧形硬卷帘帘片；（c）平板型硬卷帘帘片

表 4.12 硬卷帘的主要性能指标要求

主要性能	主要要求
金属帘片耐腐蚀性	金属帘片经过规定时间的中性盐雾试试验后，样品不应产生气泡、点蚀及剥落等腐蚀现象
塑料帘片老化性能	塑料帘片老化前后试样的颜色变化色差不应超过 5
操作力	手动曲柄硬卷帘的操作力不应大于 30N，手动卷盘硬卷帘的操作力不应大于 90N
机械耐久性能	对电动硬卷帘按照规定的次数进行反复操作试验后，试验后试样外观应无永久性损伤，帘片不会出现因磨损而穿孔现象，操作装置应无功能性障碍或损坏，操作力数值应维持在试验前初始操作力的等级范围内
抗风性能	在额定荷载的作用下，硬卷帘的正常使用不受影响，不会产生永久变形或损坏；手动产品试验前后操作力等级应保持一致；在安全荷载作用下，帘片不应从导轨中脱出而产生安全危险
耐雪荷载性能	在额定荷载的作用下，硬卷帘的正常使用不受影响，不应产生持久变形或损坏；手动产品试验前后操作力等级应保持一致；在安全荷载作用下，帘片不应从导轨中脱出而产生安全危险
抗冲击性	硬卷帘在进行抗冲击性能试验后，应满足以下要求：试验后试样表面不应产生缺口或开裂，凹口的平均直径应不超过 20mm；操作装置应无功能性障碍或损坏；手动硬卷帘的操作力数值应维持在试验前初始操作力的等级范围内

4.5.7　遮阳板

1. 相关标准

《建筑用铝合金遮阳板》JG/T 416—2013。

2. 产品构造

遮阳板是以水平、垂直及平铺等方式安装在建筑物表面，用于遮挡或调节进入室内的太阳辐射的板式遮阳产品。从操作方式区分，主要有固定式遮阳板，见图 4.22；旋转式遮阳板，见图 4.23；折叠式遮阳板，见图 4.24；推拉式遮阳板，见图 4.25；平开式遮阳板，见图 4.26。

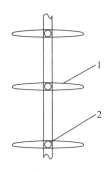
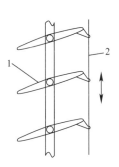

图 4.22　固定式遮阳板结构示意图　　图 4.23　旋转式遮阳板结构示意图

1—遮阳板；2—固定装置　　　　　　　1—遮阳板；2—传动系统

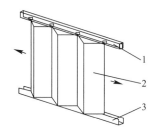
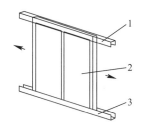
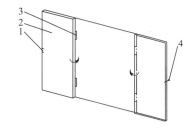

图 4.24　折叠式遮阳板　　　　图 4.25　推拉式遮阳板　　　　图 4.26　平开式遮阳板

　　结构示意图　　　　　　　　结构示意图　　　　　　　　结构示意图

1—顶槽；2—遮阳板；3—底轨　　1—顶槽；2—遮阳板；3—底轨　　1—锁套；2—遮阳板；3—铰链；4—锁扣

3. 主要性能指标

遮阳板的主要性能指标有：外观质量、尺寸偏差、装配质量、构造、操作力、机械耐久性、承载力、耐撞击性能、遮阳系数，其中承载力、耐撞击性能、遮阳系数，符合设计即可，无明确要求，其他性能根据《建筑用铝合金遮阳板》JG/T 416—2013 的规定，应符合表 4.13 的要求。

表 4.13　遮阳板的主要性能指标要求

主要性能	主要要求
外观质量	外观应清洁、平整，色泽基本一致，无明显擦伤、划痕和毛刺。涂层目视无明显色差。不同表面处理外观质量应满足表 4.14 的要求
截面尺寸偏差	挤压型叶片截面尺寸偏差应符合 GB 5237.1 的要求，最小公称壁厚应不小于 1.20mm。组装型叶片截面尺寸与铝板厚度偏差应符合 GB/T 3880.3 的要求，但铝板最小公称厚度应不小于 1.0mm

续表

主要性能	主要要求
长度偏差（mm）	$\pm L/1000$
中心距偏差（mm）	± 1.5
装配质量	遮阳板的叶片、框架、端盖和传动系统应连接牢固，紧固件就位平正，进行操作时活动灵活，无卡滞
构造	遮阳板的连接构造可靠，人接触的部位应平整，并具有更换和维修的方便性
操作力	应满足表 4.15 的要求
机械耐久性	在对遮阳板进行机械耐久性试验达到规定次数后，应符合以下规定： (1) 手动操作的遮阳板试验后操作装置应无功能性障碍或损坏，操作力维持在限值内； (2) 电动操作遮阳板操作装置应无功能性障碍或损坏，注油部件不应有渗漏现象。运行速度的变化率 U 不应大于 10%
承载力	应满足表 4.16 的要求

表 4.14　不同表面处理外观质量要求

表面处理分类	外观质量要求
氟碳	涂层应无流痕、裂纹、气泡、夹杂物或其他表面缺陷
粉末	涂层应平滑、均匀，不允许有皱纹、流痕、鼓泡、裂纹、发黏等缺陷
阳极氧化	不允许有电灼伤、氧化膜脱落及开裂等缺陷
电泳涂漆	漆膜应均匀、整洁，不允许有皱纹、裂纹、气泡、流痕、夹杂物、发粘和漆膜脱落等缺陷

表 4.15　遮阳板操作力要求（单位：N）

操作类型		操作力要求
曲柄、绞盘		$\leqslant 30$
拉绳（链或带）		$\leqslant 90$
棒	垂直面	$\leqslant 90$
	水平或斜面	$\leqslant 50$

表 4.16　遮阳板承载力试验要求（单位：mm）

荷载类型		要求
额定荷载	最大变形	$\leqslant L/50$
	残余变形	$\leqslant L/200$
	其他	无损坏和功能障碍，手动产品操作力维持在限制内
安全荷载		不得出现断裂、脱落等破坏现象

4.5.8　一体化遮阳窗

1. 相关标准

《建筑一体化遮阳窗》JG/T 500—2016。

2. 产品构造

一体化遮阳窗是活动遮阳部件与窗一体化设
计、配套制造及安装，具有遮阳功能的外窗。主
要有硬卷帘一体化遮阳窗（见图 4.27）、百叶帘
一体化遮阳窗（见图 4.28）、软卷帘一体化遮阳
窗（见图 4.29）。

3. 主要性能指标

一体化遮阳窗的主要性能指标有操作力、耐
久性能、抗风性能、水密性能、气密性能、隔声
性能、遮阳性能、保温性能、耐火完整性、采光
性能。根据《建筑一体化遮阳窗》JG/T 500—
2016 的规定，应符合表 4.17 的要求。

图 4.27　硬卷帘一体化遮阳窗实物图

图 4.28　百叶帘一体化遮阳窗实物图　　　　图 4.29　软卷帘一体化遮阳窗实物图

表 4.17　一体化遮阳窗的主要性能指标要求

主要性能	主要要求
耐久性能	窗扇反复启闭次数不应少于 1 万次。试验后窗扇开启和关闭无异常，使用无障碍、窗的五金配件不损坏。遮阳部件循环操作试验达到规定次数后，面料及接缝无破损、接缝无撕裂，无永久性损伤；操作装置无功能性障碍或损坏
抗风性能	按照规定的静压等级和动态风压试验后窗不应出现使用功能障碍和损坏，遮阳部件不应出现损坏和功能障碍
水密性能	外窗试件在各性能分级指标值作用下，不应发生水从试件室外侧持续或反复渗入试件室内侧、发生喷溅或流出试件界面的严重渗漏现象
气密性能	气密性能等级符合设计要求
隔声性能	遮阳部件收回、伸展状态下隔声性能应符合设计要求
遮阳性能	一体化遮阳窗遮阳性能以遮阳部件收回、伸展状态下遮阳系数应符合设计要求
保温性能	阳部件收回、伸展状态下保温性能应符合设计要求

4.5.9　内置遮阳中空玻璃制品

1. 相关标准

《内置遮阳中空玻璃制品》JG/T 255—2009。

2. 产品构造

百叶帘、软卷帘、折叠帘等产品安装在中空玻璃内成为内置遮阳中空玻璃,以内置百叶中空玻璃应用最多,见图4.30和图4.31。它克服了以往利用机械传动方式外挂百叶的缺陷,应用磁性物理原理传动方式解决了中空玻璃的封闭问题,通过磁力感应控制闭合装置和升降装置完成百叶升降和翻转的功能动作,内置百叶中空玻璃型遮阳组合窗的主要组成如下:(1)玻璃:可根据需要选择普通白玻、钢化玻璃、Low-E玻璃和夹胶玻璃等,在产品加工时配合间隔条(铝间隔条、复合胶条等)和密封胶(丁基胶、聚硫胶)将其合片成中空玻璃。(2)百叶帘:由连续的多片相同的片状遮阳材料组成,可伸展收回以及开启关闭,形成连续重叠面的遮阳帘。片状遮阳材料可为喷涂铝材、塑料等。(3)磁控(线控)配件:有手动和电动两种,通过磁控(线控)配件实现百叶帘的伸展和收回、开启和关闭。

图4.30 内置百叶中空玻璃

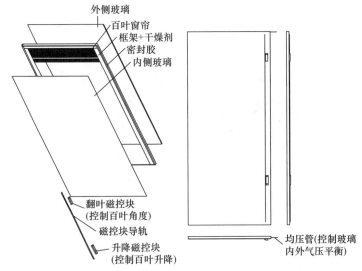

图4.31 内置百叶中空玻璃结构示意图

3. 主要性能指标

内置遮阳中空玻璃制品的主要性能指标有操作性能、操作力、机械耐久性能、露点、耐紫外线辐照性能、加速耐久性试验、传热系数、遮阳系数等。根据《内置百叶中空玻璃》JG/T 255—2009标准的规定,应符合表4.18的要求。

表4.18 内置遮阳中空玻璃制品主要性能指标要求

主要性能	主要要求
操作性能	内置遮阳装置伸展和收回、开启和关闭应操作方便,操作过程运行平稳
操作力	采用手动操作时,伸展和收回操作力不应大于50N。当遮阳帘构造为百叶帘且为手动操作时,开启和关闭操作力不应大于30N
机械耐久性能	在经过规定次数伸展和收回、开启和关闭循环操作试验后,无明显破坏,内置遮阳装置伸展和收回、开启和关闭应操作方便,操作过程运行平稳,试验后伸展和收回操作力不应大于50N,开启和关闭操作力不应大于30N
露点	试样露点均小于或等于−40℃

续表

主要性能	主要要求
耐紫外线辐照性能	应符合 GB/T 11944 的要求。试验后内置遮阳装置不应有明显的变色和褪色现象，中空玻璃内部不应有影响外观的挥发现象
加速耐久性试验	5 块试样经加速耐久性试验后，水分渗透指数小于或等于 0.25，平均值小于或等于 0.2
传热系数	最大值和最小值应分别满足设计要求
遮阳系数	最大值和最小值应分别满足设计要求

4.5.10　建筑用光伏遮阳构件

1. 相关标准

《建筑用光伏遮阳构件通用技术条件》JG/T 482—2015。

2. 产品构造

建筑用光伏遮阳构件是具有光伏发电功能的建筑外遮阳板式构件。由一个或若干个光伏组件、支架、逆变器、蓄能装置、驱动装置等构成，结构示意图见图 4.32。

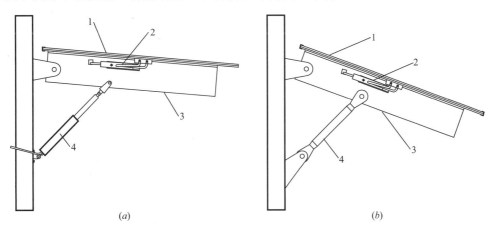

图 4.32　建筑用光伏遮阳构件结构示意图

（a）活动式；（b）固定式

1—光伏组件；2—逆变器；3—支架；4—驱动装置

3. 主要性能指标

建筑用光伏遮阳构件的主要性能指标有外观质量、尺寸偏差、承载力、抗动风压性能、机械耐久性能、抗冲击性能、遮阳性能、发电性能、电气安全性和防雷性能。其中，承载力、抗动风压性能，符合设计即可，无明确要求。其他性能根据《建筑用光伏遮阳构件通用技术条件》JG/T 482—2015 的规定，应符合表 4.19 的要求。

表 4.19　建筑用光伏遮阳构件主要性能指标要求

主要性能	主要要求
外观质量	应无明显色差，并应排列整齐，线缆应固定并隐蔽，支架形式应统一，逆变器、储能装置和驱动装置应位于隐蔽处
长度（mm）	±3
宽度（mm）	±3

续表

主要性能	主要要求
对角线（mm）	±4
组件间距（mm）	±3
承载力	在额定荷载下应无损坏和功能障碍，在安全荷载下不应出现断裂、脱落等破坏现象
机械耐久性能	活动式光伏遮阳构件的机械耐久性能不应低于 JG/T 274—2010 中表 27 规定的 2 级
抗冲击性能	应符合 GB/T 9535、GB/T 18911 中冰雹试验的规定
遮阳性能	遮阳系数（SC）分为 5 级，见表 4.20
发电性能	发电量的计算应符合 GB 50797 的规定。光伏遮阳构件的电能质量应符合 GB/T 29319 的规定。具有蓄能装置的光伏遮阳构件应符合 GB/T 28866 的规定
电气安全性	应满足表 4.21 的要求。驱动装置应作等电位连接，接地电阻应小于 4Ω
防雷性能	应安装防雷装置，支架应与建筑物的防雷体系可靠连接，并应符合 GB 50057 的规定

表 4.20 光伏遮阳构件遮阳系数等级

等级	1 级	2 级	3 级	4 级	5 级
SC	$SC<0.10$	$0.10{\leqslant}SC<0.30$	$0.30{\leqslant}SC<0.50$	$0.50{\leqslant}SC<0.70$	$SC{\geqslant}0.70$

表 4.21 光伏遮阳构件的电气安全性能

项目	绝缘电阻	湿漏电流	接地电阻
晶体硅光伏组件	$\geqslant50M\Omega$	—	—
薄膜光伏组件	$\geqslant50M\Omega$	$<10\mu A$[①]	—

① 每增加 $1m^2$ 组件面积，湿漏电流可增加 $5\mu A$。

本章参考文献

[1] 肖芳. 建筑构造. 北京：北京大学出版社，2012.

[2] EN 13659：2009 Shutters-Performance requirements including safety，2009.

[3] EN 13561：2009 External blinds-Performance requirements including safety，2009.

[4] 刘翼，蒋荃. 欧洲建筑遮阳产品认证技术简述. 门窗，2011，7：38-40.

第5章 建筑遮阳设计

建筑遮阳的主要功能是遮光、调光，降低建筑太阳辐射得热、减少空调能耗和改善室内环境舒适性。由于社会经济水平的提高，人们对建筑舒适度要求大幅提升，越来越高的建筑节能要求和相关强制标准的实施，使建筑遮阳成为建筑设计的一个必要组成部分。

本章以现行标准为基础，根据我国5个不同热工气候区，分别对居住建筑和公共建筑的遮阳设计进行了简明、概括的说明，并对建筑遮阳设施性能计算、建筑遮阳荷载及结构设计、建筑遮阳机械电气设计、不同遮阳方式性能比较与产品选用进行了较详细的介绍。

5.1 相关标准

与建筑遮阳设计相关的标准主要包括：

《建筑遮阳工程技术规范》JGJ 237—2011；

《公共建筑节能设计标准》GB 50189—2015；

《严寒和寒冷地区居住建筑节能设计标准》JGJ 26—2010；

《夏热冬冷地区居住建筑节能设计标准》JGJ 134—2010；

《夏热冬暖地区居住建筑节能设计标准》JGJ 75—2012；

《建筑门窗玻璃幕墙热工计算规程》JGJ/T 151—2008；

《外壳防护等级（IP代码)》GB 4208—2017；

《机械电气安全设备第1部分：通用技术条件》GB 5226.1—2008；

《建筑结构荷载规范》GB 50009—2012；

《建筑抗震设计规范》GB 50011—2010（2016年版)；

《工业建筑供暖通风与空气调节设计规范》GB 50019—2015；

《建筑防雷设计规范》GB 50057—2010；

《民用建筑电气设计规范》JGJ 16—2008

《混凝土结构后锚固技术规程》JGJ 145—2013；

《建筑遮阳产品电力驱动装置技术要求》JG/T 276—2010；

《建筑遮阳产品用电机》JG/T 278—2010。

5.2 建筑遮阳方案设计

5.2.1 建筑遮阳设计基本要求

建筑遮阳设计作为建筑设计的重要内容，在建筑方案设计阶段就应开始工作，与建筑立面相结合，与建筑物整体风格一致，与周围环境相协调，并且可根据建筑风格与生产商沟通设计特制的遮阳产品，并能最大限度地实现遮阳设计的最优化，对保证遮阳装置的结构安全、施工安装、调整完善直至最后的合格验收都起到质量保障作用。建筑物的东向、西向和南向外窗或透明幕墙、屋顶天窗或采光顶，应采取遮阳措施；新建建筑应做到遮阳装置与建筑同步设计、同步施工，与建筑物同步验收；应根据地区气候特征、经济技术条件、房间使用功能等因素确定建筑遮阳的形式和措施，并应满足建筑夏季遮阳、冬季阳光入射、冬季夜间保温，以及自然通风、采光、视野等要求。

5.2.2 遮阳种类的划分和遮阳设计的核心工作

不同地理位置、不同气候条件，对建筑遮阳设计影响巨大，不同使用功能的建筑对遮阳需求也不同。遮阳设计需要根据不同的建筑类型、建筑所在的气候区域展开工作。

从建筑设计角度，遮阳种类可以分为以下四种：

1. 外部环境遮阳：指地形、周边建筑、树木等形成的遮阳。外部环境遮阳需要建筑师在选址、总图设计、建筑遮阳模拟及能耗模拟计算时进行相应考量和设计工作。

2. 建筑构件遮阳：指建筑的挑檐、外廊、突阳台、凹阳台、窗套、窗洞口侧壁，以及由土建施工的水平遮阳板、垂直遮阳板、花格窗等形成的遮阳。建筑构件遮阳需要建筑师密切结合建筑设计，特别是立面、形体和使用功能进行设计，对于建筑形体凸凹、外廊、挑檐、遮阳板的位置、形状、尺寸进行推敲，简单的设计可以采用查表手算方式，复杂的需要建立数学模型进行模拟计算来确定。建筑构件遮阳通常构造简单，造价较低，不需要维护和保洁。

3. 遮阳产品：指在建筑自身结构以外，安装在窗口或透明幕墙附近的，由金属、塑料、织物、木竹、玻璃等材料构成的遮阳产品，需要与建筑结构妥善连接，活动遮阳需要电机驱动并进行相应的电气专业设计。可分为外部遮阳（位于窗户、幕墙外侧）、中间遮阳（位于中空玻璃之间的遮阳）、内遮阳（室内一侧）。由于内遮阳在建筑审批时不易控制，所以工程设计上内遮阳不参与节能计算，故不在本章做进一步论述。

外部遮阳产品以百叶帘、卷帘窗、织物类遮阳帘、机翼型遮阳板等应用较多。

4. 玻璃遮阳：现代玻璃工业可以通过在玻璃表面镀膜工艺和生产多片组合中空玻璃，提供具有不同遮阳、透光、传热性能的建筑用玻璃产品。有些玻璃适合在北方寒冷地区应用，有些适合在南方炎热且太阳辐射强烈的地方应用。

建筑遮阳方案设计的核心工作是在建筑设计时，综合考虑各方面因素，特别是结合建筑立面形象、使用功能（开窗的位置、大小），设计建筑构件遮阳（推敲建筑形体凸凹、外廊、挑檐、窗套、遮阳板、花格窗的位置、形状、尺寸），选择必要的遮阳产品（百叶帘、卷帘窗、遮阳篷、遮阳玻璃等），使建筑外窗及透明玻璃幕墙的综合遮阳系数控制在允许范围之内。

外窗综合遮阳系数 S_w ＝建筑构件遮阳的遮阳系数×遮阳产品的遮阳系数×玻璃的遮阳系数。

其中：

——建筑构件遮阳的遮阳系数可以参照本指南第 5.4.3 节外遮阳的遮阳系数计算方法计算。

——遮阳设施（百叶帘、卷帘窗、遮阳篷等产品）的遮阳系数可以要求厂家提供。

——玻璃的遮阳系数可以要求玻璃生产厂家提供。

通常有多种方案和产品组合可以满足节能规范要求的综合遮阳系数，需要进行方案比选，最终选择哪种方案和产品组合往往取决于建筑立面形象和工程造价等因素。

5.2.3　遮阳设计需要明确几个概念

1. 太阳与建筑的相对位置（高度角、方位角）始终处于动态变化之中，固定外遮阳和活动外遮阳的实际遮阳系数是处于动态变化之中的。

2. 固定外遮阳的遮阳系数是根据固定外遮阳的几何尺寸和太阳入射角度通过拟合计算获得的。因为冬夏太阳入射角度不一样，所以冬季遮阳系数和夏季遮阳系数不一样。

3. 某一款遮阳产品的遮阳系数是按照相关规范规定的检测条件测得的数值，并不是该产品安装在建筑上的实际遮阳系数，实际遮阳系数是一个不断变化的数值。

4. 在空调负荷计算时关注的是太阳得热的峰值，根据《工业建筑供暖通风与空气调节设计规范》GB 50019 给出的计算条件计算，由太阳高度角、方位角及直射、散射强度计算可以确定得热峰值时遮阳产品的遮阳系数。

5. 在建筑节能计算时需要采用标准气象年进行全年的计算，为了实际工程计算的简便性，遮阳产品对建筑能耗的影响进行了简化，每时每刻与建筑节能有关的遮阳系数只取一个等效值，并不是将遮阳产品逐时遮阳效果对建筑能耗的影响进行累计加权计算。

6. 高级的模拟计算软件可以计算某一款遮阳产品全年逐时的遮阳系数，进而能够较准确地计算出遮阳设施全年逐时对建筑节能和内部空间舒适度的贡献率，对于大型项目遮阳设计有较好帮助。

5.2.4　居住建筑遮阳设计的特点

居住建筑对遮阳的需求主要包括：遮挡过强的阳光照射、提高室内热工和视觉舒适度、减少建筑空调能耗、提高私密性、保持向外的视野（透过遮阳可分辨形状、色彩）、形象美观，冬季遮阳不应减少阳光得热。大量的多层、高层居住建筑开窗多为洞口形式，遮阳产品通常面积不大，控制形式较简单，遮阳设计相对不太复杂。在寒冷地区的许多住宅项目，通过选择合适的玻璃即可达到规范对外窗遮阳系数的要求。在选择遮阳系数高的玻璃产品时，需要注意玻璃的透光性能、外观颜色和内部显色性要求，以及对冬季太阳辐射得热的负面影响。

居住建筑的遮阳设计需要在满足外围护结构热工性能的前提下，满足各朝向窗户遮阳综合系数限值的要求。如果由于方案设计或其他原因，不能满足标准规定的窗墙面积比或外窗综合遮阳系数要求，需要建立参照建筑数学模型，进行能耗模拟计算和综合判断，通过优化设计，保证建筑能耗低于参照建筑的能耗。

遮阳设计满足节能规范限值是最低要求，同时应该考虑通过遮阳设计和产品的应用为住户提供其他住宅舒适性能（参见本指南第5.2.5节）。

5.2.5　严寒和寒冷地区居住建筑的遮阳设计

严寒和和寒冷地区的气候特点是冬季非常寒冷、供暖时间长，夏季凉爽，建筑能耗主要是冬季供暖，冬季需要尽可能多地获得太阳辐射热。这一区域内居住建筑设计需要依据

《严寒和寒冷地区居住建筑节能设计标准》JGJ 26 控制建筑体形系数、窗墙面积比和外围护结构的传热系数，在满足上述要求的前提下，大部分居住建筑不需要考虑遮阳设计，仅需要对位于寒冷（B）区的居住建筑进行遮阳设计，可通过选择具有适当遮阳性能的玻璃或遮阳产品、保证外窗综合遮阳系数小于或等于表 5.1 规定的限值。

表 5.1　寒冷（B）区居住建筑外窗综合遮阳系数限值

围护结构部位		遮阳系数 SC（东、西向/南、北向）		
		≤3 层建筑	4～8 层的建筑	≥9 层建筑
外窗	窗墙面积比≤0.2	—/—	—/—	—/—
	0.2＜窗墙面积比≤0.3	—/—	—/—	—/—
	0.3＜窗墙面积比≤0.4	0.45/—	0.45/—	0.45/—
	0.4＜窗墙面积比≤0.5	0.35/—	0.35/—	0.35/—

寒冷地区较少采用固定遮阳板等遮阳设施，在需要遮阳的部位多采用活动式遮阳，以便在冬季不遮挡阳光，使建筑获得更多的太阳辐射热。

隐蔽式卷帘适用于寒冷及夏热冬冷地区居住建筑，如图 5.1 所示。

图 5.1　隐蔽式卷帘窗外遮阳效果图

根据欧美发达国家经验，在这一气候地区设计建造超低能耗建筑或高品质住宅时，可以考虑采用隐蔽式卷帘窗，卷帘窗除了能够满足遮阳要求外，还能提升建筑的保温、防盗、调光、隔声、私密等住宅舒适性指标，是未来高品质住宅的优先考虑使用的建筑部品。

5.2.6　夏热冬冷地区居住建筑的遮阳设计

夏热冬冷地区的气候特点是冬天有部分时段较为寒冷，夏天较为炎热。因而建筑设计需要兼顾冬季保温和夏季防晒、隔热和通风，这一区域建筑遮阳的重要性相比严寒和寒冷地区大大增强。这一区域内的居住建筑设计需要依据《夏热冬冷地区居住建筑节能设计标准》JGJ 134 控制窗墙面积比和外围护结构的传热系数，以及热惰性指标，同时需要保证外窗的综合遮阳系数限值的要求。《夏热冬冷地区居住建筑节能设计标准》JGJ 134 对不同朝向、不同窗墙面积比的外窗综合遮阳系数限值要求见表 5.2。

表 5.2　夏热冬冷地区居住建筑不同朝向、不同窗墙面积比的外窗综合遮阳系数限值

建筑	窗墙面积比	综合遮阳系数 SC_w（东、西向/南向）
体形 系数≤0.40	窗墙面积比≤0.20	—/—
	0.20<窗墙面积比≤0.30	—/—
	0.30<窗墙面积比≤0.40	0.45 夏季/0.50 夏季
	0.40<窗墙面积比≤0.45	0.35 夏季/0.40 夏季
	0.45<窗墙面积比≤0.60	东、西、南向设置外遮阳， 夏季≤0.25 冬季≥0.60
体形 系数>0.40	窗墙面积比≤0.20	—/—
	0.20<窗墙面积比≤0.30	—/—
	0.30<窗墙面积比≤0.40	0.45 夏季/0.50 夏季
	0.40<窗墙面积比≤0.45	0.35 夏季/0.40 夏季
	0.45<窗墙面积比≤0.60	东、西、南向设置外遮阳， 夏季≤0.25 冬季≥0.60

注：1. 表中的"东、西向"代表从东或西偏北小于30°（含30°）至偏南小于60°的范围；"南向"代表从南偏东于30°至偏西30°的范围。
　　2. 楼梯间、外走廊的窗不按本表的规定执行。

在夏热冬冷地区，由于冬季较寒冷，太阳辐射得热需求高，采用窗口活动外遮阳产品较固定外遮阳措施为好。

国内外大量工程实践显示，隐蔽式卷帘窗也适用于夏热冬冷地区设计建造超低能耗建筑或高品质住宅，除了能够满足遮阳要求，还能提升建筑的保温、防盗、调光、隔声、私密等住宅舒适性指标，是未来高品质住宅优先考虑使用的建筑部品。

5.2.7　夏热冬暖地区居住建筑的遮阳设计

夏热冬暖地区为亚热带湿润季风气候（湿热型气候），其特征表现为夏季漫长，冬季寒冷时间很短，甚至几乎没有冬季，长年气温高而且湿度大，气温的年较差和日较差都小。太阳辐射强烈，雨量充沛。

夏热冬暖地区的气候特点决定了这一区域建筑的遮阳、隔热和通风设计是保证建筑的舒适性和达到节能要求的决定性工作，遮阳设计的重要性大大高于其他气候区的建筑。2012 年版的《夏热冬暖地区居住建筑节能设计标准》JGJ 75 结合近年来的工程实践和大量模拟计算研究成果，对遮阳设计提出了更加科学、具体且便于操作的规定。夏热冬暖地区居住建筑遮阳设计首先要控制建的窗墙面积比（或窗地面积比）、外围护结构的传热系数和热惰性指标，其次控制外窗的综合遮阳系数。《夏热冬暖地区居住建筑节能设计标准》JGJ 75—2012 对夏热冬暖地区南区居住建筑外窗平均综合遮阳系数限值的要求见表 5.3。该标准同时规定，居住建筑的天窗面积不应大于屋顶总面积的 4%，传热系数不应大于 4.0W/(m²·K)，遮阳系数不应大于 0.40。居住建筑的东、西向外窗必须采取建筑外遮阳措施，建筑外遮阳系数 SD 不应大于 0.8，南、北向外窗应采取建筑外遮阳措施，建筑外遮阳系数 SD 不应大于 0.9。

表 5.3　夏热冬暖地区南区居住建筑外窗平均综合遮阳系数限值

外墙平均指标 $\rho\leqslant 0.8$	外窗的加权平均综合遮阳系数 S_w				
	平均窗地面积比 $CMF\leqslant 0.25$ 或平均窗墙面积比 $CWF\leqslant 0.25$	平均窗地面积比 $0.25 < CMF \leqslant 0.30$ 或平均窗墙面积比 $0.25 < CWF\leqslant 0.30$	平均窗地面积比 $0.30 < CMF \leqslant 0.35$ 或平均窗墙面积比 $0.30 < CWF\leqslant 0.35$	平均窗地面积比 $0.35 < CMF \leqslant 0.40$ 或平均窗墙面积比 $0.35 < CWF\leqslant 0.40$	平均窗地面积比 $0.40 < CMF\leqslant 0.45$ 或平均窗墙面积比 $0.40 < CWF\leqslant 0.45$
$K\leqslant 2.5$ $D\geqslant 3.0$	$\leqslant 0.5$	$\leqslant 0.4$	$\leqslant 0.3$	$\leqslant 0.2$	—
$K\leqslant 2.0$ $D\geqslant 2.8$	$\leqslant 0.8$	$\leqslant 0.7$	$\leqslant 0.6$	$\leqslant 0.5$	$\leqslant 0.4$
$K\leqslant 1.0$ $D\geqslant 2.5$ 或 $K\leqslant 0.7$	$\leqslant 0.9$	$\leqslant 0.8$	$\leqslant 0.7$	$\leqslant 0.6$	$\leqslant 0.5$

注：1. 外窗包括阳台门

　　2. ρ 为外墙外表面的太阳辐射吸收系数。

夏热冬暖地区北区居住建筑建筑物外窗平均综合遮阳系数限值见 JGJ 75—2012 相关内容。

在夏热冬暖地区南区采用窗口固定外遮阳措施，对建筑节能有利，建造和维护成本低，应积极提倡。

建筑师在进行窗口遮阳设计时应优先结合立面设计采用建筑构造遮阳或混凝土、GRC 等构成的固定遮阳板；其次考虑在窗口安装遮阳设施；两者都不能达到要求时再考虑提高窗自身的遮阳能力（提高玻璃遮阳系数）。原因在于夏热冬暖地区大量时间需要开窗通风，打开窗户自然通风时，开启扇玻璃的遮阳效果就没有了。

窗口设计时，可以通过设计窗眉（套）、窗口遮阳板等建筑构造，或尽量退后窗在窗洞口内的安装位置，留出足够的遮阳挑出长度等一系列经济技术合理可行的做法提高遮阳效果，满足规范的要求。

住宅建筑上的凸窗构造，不易解决渗漏、遮阳、保温等要求，应尽量避免。

由于夏热冬暖地区太阳辐射强度非常大，除了对居住建筑外窗要进行遮阳设计以外，建筑的屋顶和外墙宜采用下列隔热措施：

1. 反射隔热外饰面；

2. 屋顶内设置贴铝锚的封闭空气间层；

3. 用含水多孔材料作屋面或外墙面的面层；

4. 屋面蓄水；

5. 屋面遮阳；

6. 屋面种植；

7. 东、西向外墙采用花格构件或植物遮阳。

5.2.8　温和地区居住建筑的遮阳设计

位于这一区域的居住建筑遮阳设计可参照现行行业标准《夏热冬暖地区居住建筑节能设计标准》JGJ 75 中有关遮阳设计的要求，结合当地节能设计规范进行具体设计工作。

5.2.9　公共建筑遮阳设计的特殊性

1. 设计复杂、难度大：公共建筑可分为办公建筑、商业建筑、旅游建筑、科教建筑、博览建筑、医疗卫生建筑、交通建筑、通信建筑等。公共建筑的体量大、功能复杂、人流大、内部空间热工环境要求差别大，还有超高层、超大型公共建筑等需要特殊论证、审批的建筑。

公共建筑中的某些特殊区域如图书馆书库，博物馆、药物实验室等要求防止阳光中紫外线直射，这些区域的遮阳设计不仅要满足节能设计的要求，更需要进行遮阳设施的特殊设计。

公共建筑中的中庭空间，有较大的玻璃天窗，巨量的太阳辐射带来大量的空调负荷，常常造成中庭内部过热，即使吹送大量空调冷风也不能达到舒适温度区域。同时强烈的阳光使中庭内部眩光严重，视觉舒适度差，因而中庭空间是公共建筑遮阳设计的一个难点。

因此，公共建筑的节能设计以及遮阳设计相比居住建筑要复杂得多，难度大。

2. 建筑师的工作内容：建筑师是建筑遮阳设计的责任人以及各专业设计的总协调人，建筑师不仅要关注建筑形象、使用功能，也要对建筑内部舒适环境和建筑能耗负责。建筑遮阳是建筑立面设计、美学、地域性、文化性表现的重要组成部分，公共建筑的遮阳，特别是热带地区公共建筑的遮阳，越来越成为建筑美学表现的重要组成部分，有些案例上甚至成为建筑最突出的表现手段，如图5.2所示。

图 5.2　建筑遮阳设计外立面美学效果

建筑师在遮阳设计时需要依靠知识与经验积累，了解太阳辐射的规律（见图5.3）、不同气候区域太阳辐射对建筑的影响。从建筑所处地理位置上看，由北向南，建筑遮阳的重要性逐步提高，建筑师要充分重视屋顶和西向外窗的遮阳设计，同时优化东向和南向外窗的遮阳设计。建筑师需要结合建筑方案设计、通过建筑构件遮阳、遮阳设施的设计，使所设计的建筑达到相关节能规范的要求，并最终决定采用何种遮阳设计方案，包括选择何种型号规格的遮阳产品。

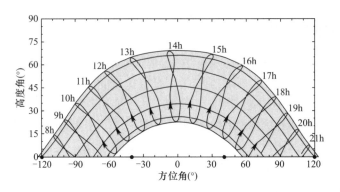

图 5.3　在水平面上四季观测太阳高度角和方位角变化范围

方案创作建筑师往往缺少遮阳设计经验，在甲方要求短时间内提供多方案比较的情况下，更没有精力顾及遮阳设计。设计机构应该调配有经验的建筑师或模拟计算工程师在方案设计阶段提供必要的支持。简单的设计、窗墙比满足节能规范要求的方案，建筑师可以自己手算校核综合遮阳系数，复杂的项目必须聘请专业工程师进行模拟计算，建筑师需要了解参照建筑模型的建立方法、能耗模拟的计算原理，以及遮阳对建筑能耗、室内舒适度的影响方式，借助模拟技术能够迅速判断不同遮阳方案的遮阳效果。

建筑师在进行遮阳构造设计时需要综合考虑遮阳设施的结构安全性（遮阳设施如何与建筑承重结构有效地连接、保证在极端天气条件和发生地震灾害情况下遮阳构件不会坠落伤人或阻碍疏散通道），解决安装施工和后期运行维护可能遇到的问题，参与遮阳设施控制系统和外墙内部电路布线的设计等工作。如办公建筑通常有较大面积的玻璃窗，遮阳产品通常连片、成组设置，建筑师需要与遮阳产品供应商、电气工程师密切配合，共同确定遮阳的构造形式、电路走向、分组控制方式、开关位置，以及是否与消防排烟、照明系统联动控制等问题。

图 5.4　太阳光造成的眩光，影响室内视觉环境

3. 精细化设计的要求：公共建筑由于其内部使用功能不同，对遮阳的需求也不同，需要有针对性的精细化设计。如办公建筑要求较多自然采光，通常要求较大的开窗面积，对光环境（包括照度、显色性、避免眩光等）要求高，因而要求遮阳能够根据室外阳光情况，调节入射阳光的强度，同时保持向外的视野（见图 5.4）。从节约能源的角度，应尽量采用自然光，减少人工照明，这不仅可以节约照明用电，而且可以节约空调能耗。因为人工照明不仅耗费电能，而且灯具散热量大，为维持室内舒适温度需要消耗更多的空调能量。因而良好的遮阳设计不仅可节约照明能耗，也可显著节约空调能耗，降低建筑空调设计负荷，进而降低空调机组功率、降低送风竖井断面尺寸、降低水平风道高度，达到降低空调设备初投资、节约建筑面积等显著经济效果。

4. 多专业协调配合的工作方法：由于建筑遮阳直接影响建筑的外立面形象、室内舒适度、建筑能耗，大型公共建筑的遮阳往往与建筑排烟、室内人工照明、建筑安全、建筑保洁维护、建筑造价等方面密切相关，因而建筑遮阳设计是一种建筑、结构、暖通、电气等多专业整合设计过程，大型公共建筑遮阳设计更需要进行多方案比较、多维度量化模拟计算、方案优化，以确定最终实施方案。建筑师需要组织协调结构工程师、模拟计算工程师、暖通设备工程师、遮阳设备生产厂家等相互合作，才能取得预期效果。

5. 遮阳设计的高端目标：遮阳设计满足建筑节能设计规范中的限值要求只是达到最低标准，优秀的遮阳设计能够增强建筑美学表现效果、有效提升建筑室内环境舒适度、降低能耗、节约投资、方便运维，这是公共建筑遮阳设计应该追求和不断优化的目标。

5.2.10　公共建筑的遮阳设计

许多公共建筑需要较大开窗面积或设置中庭空间，建筑内部热工环境情况复杂，因而即使在寒冷地区，如果没有进行合理的遮阳设计，也极易出现局部区域室内温度过高、能耗巨大的情况。在夏热冬冷地区、温和地区建筑遮阳的重要性更大。在夏热冬暖地区，建筑的主要能耗来自为克服太阳辐射热而采用的空调制冷，而采用减少空气渗透或者降低外围护结构传热系数等手段的作用是很有限的，采取有效的遮阳措施、加强自然通风是夏热冬暖地区重要的节能手段。

公共建筑的遮阳设计中，建筑师首先需要控制天窗和大型透光幕墙的面积，根据建筑所在气候区域，在方案设计满足《公共建筑节能设计标准》GB 50189—2015 对该地区建筑外围护结构热工性能要求的前提下，逐一对建筑上各朝向外窗的太阳得热系数进行校核（必要时采用较好的遮阳产品），直至达到标准限值的要求。

如果由于方案设计或其他原因，建筑不能满足上述标准规定的外窗及透光幕墙太阳得热系数要求，则需要建立参照建筑数学模型，进行能耗模拟计算和权衡判断，优化建筑构件遮阳或设置遮阳产品，以保证所设计的建筑能耗低于参照建筑的能耗。

外窗（包括透光幕墙）的太阳得热系数应为外窗（包括透光幕墙）本身的太阳得热系数与外遮阳的遮阳系数的乘积。外窗（包括透光幕墙）本身的太阳得热系数和外遮阳的遮阳系数应按现行国家标准《建筑热工设计规范》GB 50176 的有关规定计算。

《公共建筑节能设计标准》参照 ASHARE 90.1 等标准，考虑到主流模拟计算软件的计算方法，以太阳得热系数（$SHGC$）作为衡量透光围护结构性能的参数。遮阳系数（Sc）与太阳得热系数（$SHGC$）的换算关系：$SHGC = Sc \times 0.87$。

5.2.11　寒冷地区公共建筑遮阳设计

寒冷地区的建筑宜采取遮阳措施，当设置外遮阳时应符合下列规定：

1. 东、西向宜设置活动外遮阳，南向宜设置水平外遮阳；
2. 建筑外遮阳装置应兼顾通风及冬季日照。

甲类公共建筑（建筑面积大于 $300m^2$）的屋顶透光部分面积不应大于屋顶总面积的 20%，当不能满足时，必须按《公共建筑节能设计标准》GB 50189—2015 规定的方法进行权衡判断。

寒冷地区甲类公共建筑的外窗和透光幕墙的太阳得热系数应满足《公共建筑节能设计标准》GB 50189—2015 对寒冷地区甲类公共建筑太阳得热系数限值的要求，见表 5.4。

表 5.4　寒冷地区甲类公共建筑太阳得热系数限值

围护结构部位		体形系数≤0.30	0.30<体形系数≤0.50
		太阳得热系数 SHGC（东、南、西向/北向）	太阳得热系数 SHGC（东、南、西向/北向）
单一立面外窗（包括透光幕墙）	窗墙面积比≤0.20	—	—
	0.20<窗墙面积比≤0.30	≤0.52/—	≤0.52/—
	0.30<窗墙面积比≤0.40	≤0.48/—	≤0.48/—
	0.40<窗墙面积比≤0.50	≤0.43/—	≤0.43/—
	0.50<窗墙面积比≤0.60	≤0.40/—	≤0.40/—
	0.60<窗墙面积比≤0.70	≤0.35/0.60	≤0.35/0.60
	0.70<窗墙面积比≤0.80	≤0.35/0.52	≤0.35/0.52
	窗墙面积比>0.80	≤0.30/0.52	≤0.30/0.52
屋顶透光部分（屋顶透光部分面积≤20%）		≤0.44	≤0.35

5.2.12　夏热冬冷地区公共建筑遮阳设计

夏热冬冷地区的建筑各朝向外窗（包括透光幕墙）均应采取遮阳措施，公共建筑应符合《公共建筑节能设计标准》GB 50189—2015 对夏热冬冷地区甲类公共建筑太阳得热系数限值的要求，见表 5.5。

表 5.5　夏热冬冷地区甲类公共建筑太阳得热系数限值

围护结构部位		太阳得热系数 SHGC（东、南、西向/北向）
单一立面外窗（包括透光幕墙）	窗墙面积比≤0.20	—
	0.20<窗墙面积比≤0.30	≤0.44/0.48
	0.30<窗墙面积比≤0.40	≤0.40/0.44
	0.40<窗墙面积比≤0.50	≤0.35/0.40
	0.50<窗墙面积比≤0.60	≤0.35/0.40
	0.60<窗墙面积比≤0.70	≤0.30/0.35
	0.70<窗墙面积比≤0.80	≤0.26/0.35
	窗墙面积比>0.80	≤0.24/0.30
屋顶透明部分（屋顶透明部分面积≤20%）		≤0.30

5.2.13　夏热冬暖地区公共建筑遮阳设计

夏热冬暖地区的建筑各朝向外窗（包括透光幕墙）均应采取遮阳措施。公共建筑应符合《公共建筑节能设计标准》GB 50189—2015 对夏热冬暖地区甲类公共建筑太阳得热系数限值的要求，见表 5.6。

表 5.6　夏热冬暖地区甲类公共建筑太阳得热系数限值

围护结构部位		太阳得热系数 SHGC（东、南、西向/北向）
单一立面外窗（包括透光幕墙）	窗墙面积比≤0.20	≤0.52/—
	0.20<窗墙面积比≤0.30	≤0.44/0.52

续表

围护结构部位		太阳得热系数 SHGC（东、南、西向/北向）
单一立面外窗（包括透光幕墙）	0.30＜窗墙面积比≤0.40	≤0.35/0.44
	0.40＜窗墙面积比≤0.50	≤0.35/0.40
	0.50＜窗墙面积比≤0.60	≤0.26/0.35
	0.60＜窗墙面积比≤0.70	≤0.24/0.30
	0.70＜窗墙面积比≤0.80	≤0.22/0.26
	窗墙面积比＞0.80	≤0.18/0.26
屋顶透明部分（屋顶透明部分面积≤20%）		≤0.30

5.2.14　温和地区公共建筑遮阳设计

温和地区的建筑各朝向外窗（包括透光幕墙）均应采取遮阳措施。《公共建筑节能设计标准》GB 50189—2015 对温和地区甲类公共建筑太阳得热系数限值的要求见表 5.7。

表 5.7　温和地区甲类公共建筑太阳得热系数限值

围护结构部位		太阳得热系数 SHGC（东、南、西向/北向）
单一立面外窗（包括透光幕墙）	窗墙面积比≤0.20	—
	0.20＜窗墙面积比≤0.30	≤0.44/0.48
	0.30＜窗墙面积比≤0.40	≤0.40/0.44
	0.40＜窗墙面积比≤0.50	≤0.35/0.40
	0.50＜窗墙面积比≤0.60	≤0.35/0.40
	0.60＜窗墙面积比≤0.70	≤0.30/0.35
	0.70＜窗墙面积比≤0.80	≤0.26/0.35
	窗墙面积比＞0.80	≤0.24/0.30
屋顶透明部分（屋顶透明部分面积≤20%）		≤0.30

单栋建筑面积小于或等于 300m² 的乙类公共建筑太阳得热系数限值的要求见《公共建筑节能设计标准》GB 50189—2015 相关要求。

当公共建筑高度超过 150m 或单栋建筑地上建筑面积大于 200000m² 时，除应符合上述标准的各项规定外，还应组织专家对其节能设计（包括遮阳设计）进行专项论证。

5.2.15　建筑遮阳设计应注意的一些问题

1. 建筑遮阳设计应与建筑设计、结构设计同步进行。遮阳产品帘体的分幅宜与窗户分格、墙面分块及装饰线条相呼应，遮阳装置应构造简洁、经济实用、耐久美观、便于维修和清洁，并应与建筑物整体及周围环境相协调。

2. 遮阳设计宜与太阳能热水系统和太阳能光伏系统结合，进行太阳能利用与建筑一体化设计。

3. 建筑遮阳构件宜呈百叶或网格状。实体遮阳构件宜与建筑窗口、墙面和屋面之间留有足够的空间。

4. 采用内遮阳和中间遮阳时，遮阳装置面向室外侧宜采用能反射太阳辐射的材料，并可根据太阳辐射情况调节其角度和位置。

5. 当遮阳装置应用于 35m 以上高层建筑时，应进行抗风验算；当采用宽度、高度悬挑尺寸在 3m 以上的大型外遮阳系统时，应进行抗风、抗震承载力验算；当遮阳系统可能存在积雪、积灰或需要承受安装、检修荷载时（如遮阳系统处于水平或倾斜位置时），则应对积雪、积灰或施工荷载效应进行验算；对于宽度、高度悬挑尺寸在 4m 以上的特大型外遮阳系统，如果构件断面复杂，难以通过计算判断其安全性能时，应通过风压试验或结构试验，采用实体试验检验其系统安全性能，证明系统安全后方可进行相关设计。

6. 遮阳工程设计中应计算遮阳装置的最大挠度值，其内侧距离外窗玻璃的间距应大于抗风验算的最大挠度，可通过采取减小幅宽，加大遮阳体、导轨、锚固件的强度或增大遮阳体与窗户的间距等措施。

7. 建筑高度与遮阳产品的选取原则。随着建筑高度的增加，作用于遮阳装置上的风荷载越来越大，考虑到安全性，需要室外遮阳装置必须具有很高的抗风压性，这使得遮阳装置在高层建筑中的应用受到极大限制（见表 5.8）。对于低层建筑或是多层建筑基本上所有的遮阳技术都可以安装在建筑立面上；而在高层建筑中，很多遮阳技术是不能轻易布置在建筑立面上的，如百叶帘和软卷帘等抗风压性能小的遮阳装置，植物遮阳也不宜用在高层建筑上，一是因为植物生长期较长，另一个是在高层建筑立面上不易维护。

（1）金属遮阳卷帘应用于高度 35m 以上的高层建筑时，单幅宽度不要超过 2.4m，单幅高度不要超过 3m；当金属遮阳卷帘应用于高度 60m～100m 的高层建筑时，卷帘帘片及系统还应加强以提高抗风能力。

（2）织物卷帘、曲臂遮阳篷应用于 10m 以上的建筑时，单幅宽度不要超过 1.5m，单幅高度不要超过 2.4m，外伸长度不得超过 0.6m。

（3）沿海地区，当建筑物高度大于 60m 时建议使用内置中空百叶窗等遮阳方式。

表 5.8　不同建筑高度适宜遮阳技术

| 建筑分类(m) ＼ 遮阳技术 | 外遮阳 | | | | | | 绿化遮阳 | 中置遮阳 | 内遮阳 |
	软卷帘	硬卷帘	百叶帘（导轨式）	百叶帘（导索式）	遮阳篷	百叶翻板			
非密集区 0～10	★	★	★	★	★	★	★		
非密集区 10～20	☆	★	★	★	☆	★	☆		
非密集区 20～30	×	★	☆	☆	×	★	×		
非密集区 30～50	×	☆	×	×	×	★	×		
非密集区 50～100	×	☆	×	×	×	☆	×		
非密集区 100～200	×	×	×	×	×	×	×		
非密集区 ＞200	×	×	×	×	×	×	×	★	★
密集区 0～10	★	★	★	★	★	★	★		
密集区 10～20	☆	★	★	★	☆	★	☆		
密集区 20～30	×	★	★	☆	×	★	×		
密集区 30～50	×	★	☆	×	×	★	×		
密集区 50～100	×	☆	×	×	×	☆	×		
密集区 100～200	×	☆	×	×	×	☆	×		
密集区 ＞200	×	×	×	×	×	×	×		

续表

遮阳技术 建筑分类 （m）	外遮阳						绿化遮阳	中置遮阳	内遮阳
	软卷帘	硬卷帘	百叶帘 （导轨式）	百叶帘 （导索式）	遮阳篷	百叶翻板			

建筑分类		软卷帘	硬卷帘	百叶帘 （导轨式）	百叶帘 （导索式）	遮阳篷	百叶翻板	绿化遮阳	中置遮阳	内遮阳
高层建筑密集区	0～10	★	★	★	★		★	★		
	10～20	☆	★	★	★	☆	★	☆		
	20～30	×	★	★	☆	×	★	×		
	30～50	×	★	☆	☆	×	★	×	★	★
	50～100	×	☆	×	×	×	☆	×		
	100～200	×	☆	×	×	×	☆	×		
	＞200	×	×	×	×	×	×	×		

5.3　建筑遮阳装置性能评价及计算

5.3.1　建筑遮阳装置性能评价

建筑遮阳装置性能评价可以归纳为两个方面：热工性能和光学性能。

5.3.1.1　热工性能

建筑遮阳装置的热工性能目前可以用太阳能总透过能力评价，可以由"太阳能总透射比"这一参数体现。对于建筑遮阳装置的节能效果评价，主要由"遮阳系数"这一参数体现。

1. 太阳能总透射比

太阳能总透射比是通过玻璃、门窗或幕墙构件成为室内得热量的太阳辐射热与投射到门窗或幕墙构件上的太阳辐射热的比值。

太阳能总透射比表征的得热量包括两部分：一部分是直接透过玻璃进入室内的太阳辐射热；另一部分是玻璃及构件吸收太阳辐射热后，再向室内辐射的热量。

太阳能总透射比的大小受到投射的太阳波长、入射角、高度角等因素的影响，理论计算相当繁琐。但是一般情况下，波长变化引起的太阳能总透射比的变化比较小，因此对于太阳能总透射比计算的影响可以忽略。对于早先的单层玻璃窗，为了简化计算，由窗框和窗户边缘效应引起的透过窗户进入室内的太阳辐射得热可以被忽略，而仅仅考虑透过单位面积的标准单层平板白玻璃（在垂直入射情况下，透射率＝0.86，反射率＝0.08，且吸收率＝0.06）的太阳辐射得热量，并定义该参数为太阳得热因子（$SHGFs$），单位是 W/m^2。太阳得热因子的量值反映了通过单层平板白玻璃的总太阳辐射得热量的大小，包括直接通过玻璃投射进入室内的部分和玻璃吸收太阳辐射热后散入室内的部分。

2. 遮阳系数

遮阳系数是玻璃、窗框等结构遮挡或抵御太阳光能的能力，英文为 Shading Coefficient，缩写为 SC。我国 GB/T 2680 中采用遮挡系数作为性能检测参数，缩写为 Se。

遮阳系数的理论定义为：实际通过玻璃的热量与通过厚度为 3mm 标准玻璃的热量的比值。遮阳系数的最初定义是围绕建筑窗户的隔热性能展开的。随着建筑窗户构造、材料的复杂化和遮阳构件的应用，窗框、多层玻璃或者遮阳设施等对建筑太阳得热的影响越来越大，于是引入"太阳能总透射比"的概念，以反映建筑实际的太阳辐射得热。

遮阳系数的计算定义为：在给定的太阳辐射投射角度和太阳辐射波段内，通过控制窗户系统的太阳得热系数与通过标准单层平板白玻璃的得热系数的比值。

在《建筑遮阳工程技术规范》JGJ 237—2011 和相关国家或地方节能设计标准中给出了各种不同遮阳形式的遮阳系数简化计算方法，部分遮阳装置的遮阳系数见表5.9。

表5.9　部分遮阳装置的遮阳系数

遮阳装置	窗口朝向	朝向	颜色	SC值
1	双开木百叶窗	西	白色	0.07
2	合金软百叶，叶片45°	西	浅绿	0.08
3	水平活动木百叶，板面45°	西	白	0.14
4	垂直活动木百叶，叶片45°	西	白	0.11
5	折叠式帆布篷	东南		0.25
6	钢筋混凝土水平百叶，45°	南	白	0.38
7	稠密绿化	—	浅	0.08～0.12
8	竹帘	西	米黄	0.24
9	木百叶挡板	西	白	0.12
10	硬卷帘和软卷帘			0.33
11	软卷帘		多种颜色	0.4～0.5
12	水平固定百叶翻板，叶片尺寸为85，间距85			0.206～0.384
13	水平固定百叶翻板，叶片尺寸为130，间距130			0.171～0.332
14	水平活动百叶，多种尺寸			0.06～0.747
15	垂直百叶/稀松织物帘			0.76
16	室外遮阳篷			0.25～0.3
17	树木完全遮阳、轻微遮阳			0.2～0.6
18	曲臂遮阳篷		多种颜色	0.26～0.3
19	铝合金百叶翻板		多种颜色	0.18～0.25

注：1～9：由华南理工学院测定；10：参见《建筑外遮阳（一）》06J506-1；11：由同济大学建筑节能评估研究室测定；12～14：参见《建筑外遮阳》苏J33—2008；15～17：参见张三明主编《建筑物理》；18～19：由遮阳企业提供。

5.3.1.2　光学性能

遮阳装置安装在建筑立面上对室内采光及视野都有极大影响，对室内人员的视觉舒适影响较大，因此在选择遮阳技术时必须要考虑眩光控制、夜间私密性、透视外界的能力与日光利用等一系列因素。

非透光材料遮阳装置的光学性能主要与遮阳装置透光缝隙大小、材料反射率以及安装角度有关。透光材料遮阳装置的光学性能主要由材料的构造投射比体现，部分遮阳材料可见光透射比参见表5.10。

表5.10　部分遮阳构造的可见光透射比

外遮阳材料	η^*
混凝土、金属类遮阳挡板	0.15
厚帆布、玻璃钢类遮阳挡板	0.50
有色玻璃、有色卡布隆、有色有机玻璃类遮阳挡板	0.70
透明玻璃、透明卡布隆、透明有机玻璃类挡板	0.90

续表

外遮阳材料	η^*
金属或其他非透明材料制作的花格、百叶	0.15
深色玻璃、有机玻璃	0.6
浅色玻璃	0.8
浅色织物面料	0.4
浅色玻璃钢	0.43
铝合金百叶板	0.2
木质百叶板	0.25

5.3.2　建筑遮阳外窗遮阳系数计算

5.3.2.1　窗户自身遮阳系数计算

理论上，窗户遮阳系数可以通过太阳能总透射比计算得出。

遮阳系数的计算公式如下：

$$SC = \frac{SHGC(\theta)_{控制}}{SHGC(\theta)_{标准}} \tag{5.1}$$

在 ASHRAE 规定的夏季工况、ASTM 提供的标准太阳光谱条件下，受到法向辐射时，标准平板白玻璃的 $SHGC$ 值为 0.87，SC 值为 1.0。这样，遮阳系数可以通过如下公式计算：

$$SC = \frac{SHGC(\theta)_{控制}}{0.87} \tag{5.2}$$

对于窗户自身而言，窗框以及玻璃两部分结构均对太阳有一定的遮挡作用，即存在遮阳系数。

1. 玻璃的遮阳系数

窗玻璃的遮阳系数是遮阳系数计算的重要指标，其值的高低与建筑节能、负荷计算有着紧密的关系。具体计算公式为：

$$S_e = \frac{g}{\tau_s} \tag{5.3}$$

式中　τ_s——3mm 厚的普通透明玻璃的太阳能总透射比，理论值为 0.87；

g——玻璃的太阳光总透射比。

2. 窗框的遮阳系数

太阳能总透射比由太阳光直接透射的热量和太阳热量被窗户系统吸收后向室内再次传递的热量两部分决定。窗框一般由非透明材料，如铝合金、木材、塑料、玻璃钢等加工而成，太阳光不能直接投射到室内，通过窗框进入室内的热量只包括二次传热部分。窗框的遮阳系数如下公式计算：

$$SC_f = \frac{\sum g_f A_f}{0.87 \sum A_f} \tag{5.4}$$

式中　A_f——框投影面积，m^2；

g_f——窗框的太阳光总透射比。

为了简化计算，可以近似地直接将正面入射时的透光面积比作为窗框的遮阳系数。

3. 单幅幕墙的遮阳系数

单幅幕墙的遮阳系数 SC_{CW} 应按下式计算：

$$SC_{CW} = \frac{g_{CW}}{0.87} \tag{5.5}$$

式中 SC_{CW}——单幅幕墙的遮阳系数；

$\quad\quad g_{CW}$——单幅幕墙的太阳光总透射比。

幕墙的可见光透射比计算采用 ISO 15099 的计算方法。幕墙可见光透射比计算采用按面积加权平均的计算方法。

4. 多层窗户系统的遮阳系数

对于由多层玻璃或材料组成的窗户系统，可以用通过该系统的太阳能总透射比，计算该系统的遮阳系数。

$$SHGC = T + \sum N_i \lambda_i \tag{5.6}$$

式中 T——系统外侧表面半球辐射透过率；

$\quad\quad N_i$——第 i 层吸收热向室内侧放热比例；

$\quad\quad \lambda_i$——系统第 i 层直接辐射吸收率。

多层窗户系统的遮阳系数 SC 可由式（5.2）计算得出。此外，多层窗户系统的遮阳系数还与太阳辐射角以及方位角有一定关系。

5.3.2.2 外遮阳构件的遮阳系数计算

建筑外遮阳中，最基本方式有窗口的水平遮阳板、垂直遮阳板、挡板遮阳三种遮阳方式，其他外遮阳方式都可以通过这三种方式的组合构成。因此，它的建筑外遮阳系数为两者的综合效果，一般是与水平遮阳板或与垂直遮阳板或与综合遮阳板的组合形成挡板遮阳构造，组合后的建筑外遮阳系数也是相应的建筑外遮阳系数的乘积。

1. 非透光遮阳板的遮阳系数

外遮阳系数可依据外遮阳装置的特征长度以及与朝向有关的拟合系数进行计算，具体计算公式为：

$$SD = aX^2 + bX + 1 \tag{5.7}$$

式中 SD——外遮阳系数；

$\quad\quad X$——外遮阳特征值 $X = A/B$；$x > 1$ 时，取 $x = 1$；

$\quad\quad A$、B——外遮阳的构造定性尺寸，按表 5.11 选取；

$\quad\quad a$、b——拟合系数，按表 5.12 选取。

表 5.11 外遮阳的构造定性尺寸 A、B

外遮阳基本类型	剖面图	示意图
水平式		

续表

外遮阳基本类型	剖面图	示意图
垂直式	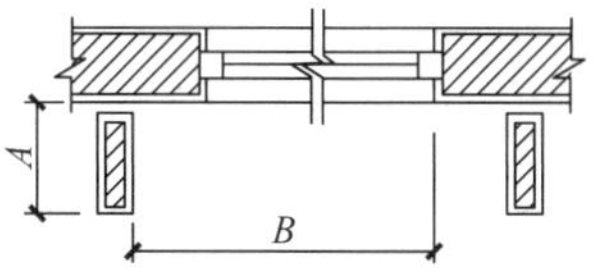	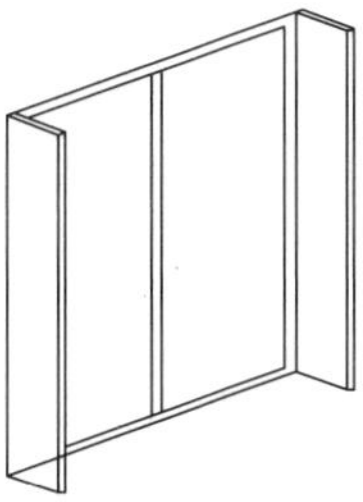
挡板式	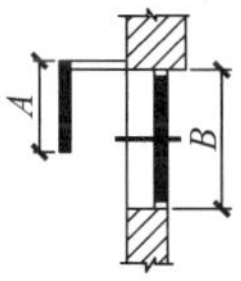	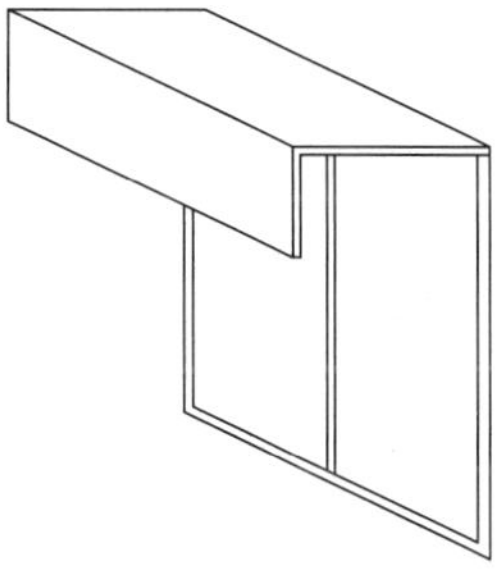
横百叶挡板式	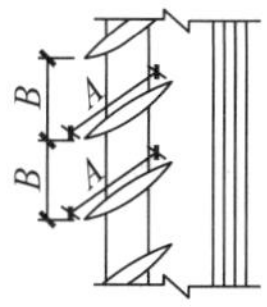	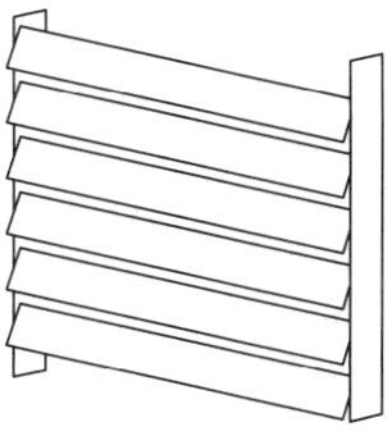
竖百叶挡板式	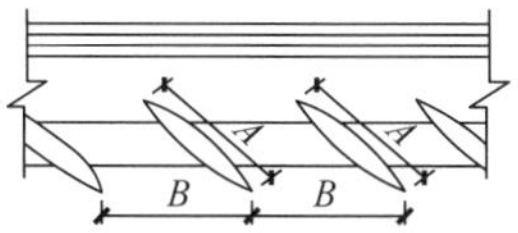	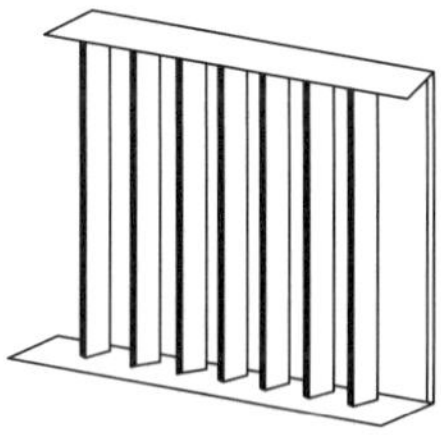

表 5.12　外遮阳系数计算用的拟合系数 a、b

气候区	外遮阳基本类型		组合系数	东	南	西	北
温和地区	水平式	冬	a	0.30	0.10	0.20	0.00
			b	−0.75	−0.45	−0.45	0.00
		夏	a	0.35	0.35	0.20	0.20
			b	−0.65	−0.65	−0.40	−0.40
	垂直式	冬	a	0.30	0.25	0.25	0.05
			b	−0.75	−0.60	−0.60	−0.15
		夏	a	0.25	0.40	0.30	0.30
			b	−0.60	−0.15	−0.60	−0.60

续表

气候区	外遮阳基本类型		组合系数	东	南	西	北
温和地区	挡板式		a	0.00	0.35	0.00	0.13
			b	−0.96	−1.00	−0.96	−0.93
	固定横百叶挡板式		a	0.53	0.44	0.54	0.60
			b	−1.30	−1.10	−1.30	−0.93
	固定竖百叶挡板式		a	0.02	0.10	0.17	0.54
			b	−0.70	−0.82	−0.70	−1.15
	活动横百叶挡板式	冬	a	0.26	0.05	0.28	0.20
			b	−0.73	−0.61	−0.74	−0.62
		夏	a	0.56	0.42	0.57	0.68
			b	−1.30	−0.99	−1.30	−1.30
	活动竖百叶挡板式	冬	a	0.23	0.17	0.25	0.20
			b	−0.77	−0.70	−0.77	−0.62
		夏	a	0.14	0.27	0.15	0.81
			b	−0.81	−0.85	−0.81	−1.44

注：拟合系数应按有关朝向的规定在表中选取（朝向规定：建筑不同部位、不同朝向遮阳设计的优先次序可根据其所受太阳辐射照度，依次选择屋顶水平天窗（采光顶）、西向、东向、南向窗；北回归线以南地区必要时还要对北向窗进行遮阳）。

不同气候区民用建筑的外遮阳系数应按《公共建筑节能标准》GB 50189—2015、《严寒和寒冬地区居住建筑节能设计标准》JGJ 26—2010、《夏热冬暖地区居住建筑节能设计标准》JGJ 75—2012 和《夏热冬冷地区居民建筑节能设计标准》JGJ 134—2010 的有关规定进行计算。

幕墙有多层横向平行遮阳板或多层竖向平行遮阳板时，可将多层横向平行遮阳板转换成多层水平遮阳板加挡板遮阳，将多层竖向平行遮阳板转换成多层垂直遮阳板加挡板遮阳，并采用转换后的两种遮阳板的遮阳系数的乘积作为其遮阳系数。

2. 透光外遮阳板的遮阳系数

当外遮阳的遮阳板采用有透光性能的材料制作时，外遮阳系数应按下式进行修正：

$$SD' = 1 - (1 - SD)(1 - \eta^*) \tag{5.8}$$

式中　SD'——采用可透光遮阳材料的外遮阳系数；

　　　SD——采用不可透光遮阳材料的外遮阳系数；

　　　η^*——遮阳材料的透射比，按表5.6选取。

表 5.13　遮阳材料的透射比

遮阳用材料	规格	η^*
织物面料	浅色	0.4
玻璃钢类板	浅色	0.43
玻璃、有机玻璃类板	深色：$0 < Sc \leqslant 0.6$	0.6
	浅色：$0.6 < Sc \leqslant 0.8$	0.8
金属穿孔板	开孔率：$0 < \psi \leqslant 0.2$	0.1
	开孔率：$0.2 < \psi \leqslant 0.4$	0.3
	开孔率：$0.4 < \psi \leqslant 0.6$	0.5
	开孔率：$0.6 < \psi \leqslant 0.8$	0.7

遮阳用材料	规格	η^*
铝合金百叶板		0.2
木质百叶板		0.25
混凝土花格		0.5
木质花格		0.45

注：Sc 是透过玻璃窗的太阳光透射比与 3mm 厚平板玻璃的太阳透射比的比值。

为了简化，可以采用动态计算软件进行一定的拟合计算。遮阳板的遮阳系数计算可以依据《建筑遮阳工程技术规范》JGJ 237—2011 中的计算方法进行计算。

当对除遮阳篷、遮阳板以外的建筑遮阳产品进行隔热性能试验时，遮阳系数计算可依据《建筑遮阳产品隔热性能试验方法》JG/T 281—2010 中的计算方法。

3. 外遮阳卷帘的遮阳系数

铝合金卷帘和织物卷帘遮阳系统在遮阳的同时，对室内的采光、通风及视野均有不利影响，容易造成生活不便、舒适度降低、白天开灯照明等问题。实际使用中，多数人将卷帘放下到外窗高度的 2/3 处，以兼顾多种需求。铝合金卷帘和织物卷帘遮阳系统的外遮阳系数简化计算，取卷帘或织物放下到外窗高度的 2/3 为其夏季外遮阳系数计算特征尺寸，全部收起为冬季外遮阳系数计算特征。铝合金卷帘和织物卷帘遮阳系统的外遮阳系数：夏季为 0.33，冬季为 1。

5.3.2.3　中间遮阳部品的遮阳系数计算

目前中间遮阳部品主要指内置百叶中空玻璃。内置百叶中空玻璃是将百叶帘安装在中空玻璃内，通过磁力控制闭合装置和升降装置来完成中空玻璃内的百叶升降、翻叶等功能。

内置百叶中空玻璃的遮阳系数可按以下公式计算：

$$SC = \frac{g_t}{0.87} \tag{5.9}$$

式中的太阳光总透射比 g_t 可按下式计算：

$$g_t = \tau_s + q_{in,gl} + q_{in,b} + q_{in,g2} \tag{5.10}$$

式中　τ_s——内置百叶中空玻璃窗可见光透射比；

$\quad q_{in,gl}$——外层玻璃的二次传热热流密度；

$\quad q_{in,b}$——内置百叶帘的二次传热热流密度；

$\quad q_{in,g2}$——内层玻璃的二次传热热流密度。

对于内置百叶中空玻璃的太阳光直接透射比 τ 可以参考下列计算公式进行简化计算：

$$\tau_s = \frac{\tau_{sg}A_g + \tau_{sb}A_{投}}{A} \tag{5.11}$$

式中　τ_{sg}——玻璃的太阳光直接透射比；

$\quad \tau_{sb}$——内置遮阳帘的太阳光直接透射比；

$\quad A_g$——窗玻璃的面积，m^2；

$\quad A_{投}$——内置百叶帘在一定角度下的垂直投影的面积，m^2；

$\quad A$——窗玻璃与百叶帘的面积总和，m^2。

目前市场上百叶中空玻璃的遮阳系数 $SC = 0.18 \sim 0.90$，百叶垂直状态时满足《公共建筑节能设计标准》GB 50189—2015 中有遮阳系数要求的所有地区使用。当百叶垂直状态时，遮阳系数 $SC=0.18$，当百叶水平状态时，遮阳系数 $SC=0.83$，当百叶收起状态时，$SC=0.90$，百叶收起状态时的遮阳系数为玻璃的遮阳系数。太阳的直射透射比为 0.16，说明了当百叶垂直状态时室内还有一定程度的可见光，能够有效地阻挡夏季强烈的太阳辐射，从而阻止了阳光直射到室内，改善室内的光环境，降低室内温度，减少空调负荷。因内置百叶中空玻璃的百叶以水平转轴为中心可以调整角度，目前相关标准规范尚未给出一个标准的算法，表 5.14 是通过实验的方法测得产品的实测内置百叶中空玻璃热工性能与百叶角度的关系。

表 5.14　内置百叶中空玻璃热工性能与百叶角度的关系

角度 θ	0°	10°	20°	30°	40°	50°	60°	70°	80°	90°
遮阳系数 Sc	0.88	0.79	0.68	0.57	0.44	0.32	0.28	0.23	0，19	0.16
可见光透射比	0.81	0.68	0.54	0.39	0.25	0，13	0.10	0.04	0.02	0.003
传热系数 K	3.07	3.04	2.92	2.73	2.66	2.48	2.31	2.17	2.13	2.08

注：1. 角度 θ 指百叶与水平面的夹角（全开 $\theta=0°$）、传热系数 K 的单位为：$W/(m^2 \cdot K)$。2. 引自《中国建筑节能技术辨析》。

中间遮阳装置的遮阳系数可根据现行行业标准《建筑门窗玻璃幕墙热工计算规程》JGJ/T 151 的有关规定进行计算。

5.3.2.4　外窗综合遮阳系数计算

建筑外窗综合遮阳系数与建筑窗户朝向、窗户本身结构以及建筑窗户是否采用遮阳产品有关，建筑外窗综合遮阳系数 SW 由窗户自身遮阳系数以及遮阳产品（内遮阳、中间遮阳、外遮阳）遮阳系数两部分构成。由于内遮阳具有不确定性、中间遮阳产品普及度较低，因此建筑外窗综合遮阳系数一般为窗户本身遮阳系数以及窗户外遮阳系数的乘积，具体计算如下：

1. 居住建筑东、西向外窗及 65% 节能的北向外窗：

当无外遮阳时，$SW=SC$；

当有外遮阳时，$SW=SC \times SD$。

2. 居住建筑南向及东、西向居住空间外窗：

当无外遮阳时，$SW=SC$；

当有外遮阳时，$SW=SC \times SD$。

无论有无外遮阳，居住建筑南向及东、西向居住空间外窗的冬季外遮阳系数 SC 都应大于 0.6。

3. 公共建筑：

当无外遮阳时，$SW=SC$；

当有外遮阳时，$SW=SC \times SD$。

式中　SW——外窗综合遮阳系数；

　　　SC——外窗本身遮阳系数；

　　　SD——建筑外遮阳系数。

一般来讲，玻璃遮阳系数 SG 没有考虑窗框影响，而外窗自身遮阳系数 SC 则考虑了窗框影响，可近似计算成窗玻璃遮阳系数 SC 乘以窗玻璃面积与整窗面积之比。建筑门窗本身的遮阳系数计算方法可参考《建筑门窗玻璃幕墙热工计算规程》JGJ/T 151—2008。

与外窗（玻璃幕墙）面平行，且与外窗（玻璃幕墙）面紧贴的窗帘式外遮阳装置，其与外窗（玻璃幕墙）组合后的综合遮阳系数、传热系数应按《建筑门窗玻璃幕墙热工计算规程》JGJ/T 151—2008 的相关规定计算。

5.4　建筑遮阳荷载及结构设计

活动外遮阳装置及后置式外遮阳装置应分别按系统自重、风荷载、正常使用荷载、施工阶段以及检修中的荷载等验算其静态承载能力。

5.4.1　遮阳荷载要求[1]

对于外遮阳装置风荷载、自重荷载、积雪荷载、积水荷载、检修荷载等标准值的计算皆有一定的计算方法作为参考。对于外遮阳装置的风荷载标准值可按如下公式进行计算：

$$\omega_c = \beta_1 \beta_2 \beta_3 \beta_4 \omega_k \tag{5.12}$$

式中　ω_c——风载荷标准值，kN/m^2；

ω_k——遮阳装置安装部位的建筑主体围护结构风荷载标准值，kN/m^2，应按现行国家标准《建筑结构荷载规范》GB 50009 取值；有风感应的遮阳装置，可根据感应控制方位，确定风荷载；

β_1——重现期修正系数；

β_2——偶遇及重要修正系数；

β_3——遮阳装置兜风系数；

β_4——遮阳装置行为失误概率修正系数。

修正系数 β_1 是考虑遮阳系数的设计寿命与主体结构不一致而对荷载进行折减；与主体结构不同的是，遮阳装置通常只有当主体建筑遮风效果偶然缺失（如居住建筑外窗未关又正好出现大风）时才出现风压，故受风概率降低，且受风破坏后果的严重程度与建筑主体相比要低得多，故以 β_2 修正；兜风系数 β_3 考虑遮阳装置在风中的形态引起风压的变化；主体建筑遮阳系数偶然缺失的失误概率由修正系数 β_4 表达。

在风荷载标准值计算式（5.12）中，修正系数 β_1、β_2、β_3、β_4 的取值由于外遮阳装置种类及设计寿命的不同会有所差别，具体修正系数可参考表 5.15 进行取值。

表 5.15　遮阳装置风载荷修正系数

种类		β_1	β_2	β_3	β_1
外遮阳百叶帘		0.7	0.8	0.4	0.6
遮阳硬卷帘		0.7	0.8	1.0	0.6
外遮阳软卷帘		0.7	0.8	1.4	0.6
曲臂遮阳篷		0.7	1.0	1.4	0.6
后置式遮阳板（翼）	设计寿命 15 年	0.7	0.8	1.0	1.0
	与建筑主体同寿命	1.0	1.0	1.0	1.0

[1]　本节参考《建筑遮阳工程技术规范》JGJ 237—2011。

在单项验算遮阳装置的抗风性能时，风载荷的荷载分项系数可取 1.2～1.4；当与其他荷载组合验算时，荷载分项系数可取 1.0～1.2；当需要验算风振效应时，风振系数可参考结构设计规范进行取值。

风荷载是常用外遮阳装置最常见的荷载形式，也是工程界最为关心的问题。现行国家标准《建筑结构荷载规范》GB 50009 计算风压理论成熟，因而使用方便。装有风感应的遮阳装置，根据感应控制范围，如控制 6 级风时遮阳装置收起，风荷载标准值即可按 6 级风时的风压取用。

外遮阳装置应通过构造设计（如构建的最小尺寸、大型遮阳装置设置阻尼器等），避免风振效应的产生。当风振效应难以避免时，应考虑风振效应对风荷载的放大作用。

遮阳装置的自重荷载标准值应按系统实际情况计算；对于遮阳装置的自重荷载分项系数可取 1.2。遮阳装置的自重荷载的计算方法应与主体结构一致。

遮阳装置的积雪荷载标准值应按现行国家标准《建筑结构荷载规范》GB 50009 取值与重现期修正系数 β_1 的乘积计算得出。遮阳装置的积雪荷载分项系数可取 1.0，当与其他荷载组合验算时可取 0.7。遮阳装置的积雪荷载计算原理与风荷载相似，皆是偏于安全性考虑。

遮阳装置的积水荷载标准值应按实际蓄水情况进行确定。遮阳装置的积水荷载分项系数可取 1.0，当与其他荷载组合验算时可取 0.7。

遮阳装置的检修荷载标准值应按实际情况计算。遮阳装置的检修荷载分项系数可按 1.4 取值，并应与积雪荷载组合验算。对于小型遮阳装置，检修时通常不承担额外荷载。对于大型遮阳装置，检修荷载根据实际情况，考虑检修时可能的设备、人员的重力荷载，同时应考虑最不利的荷载位置，如大跨度遮阳构件的跨中位置、悬挑式构件的悬挑顶点等。各类遮阳装置荷载组合的取值可参考表 5.16。

表 5.16　各类遮阳装置荷载组合的取值规定

种类		荷载组合与荷载分项系数
外遮阳百叶帘		风荷载，1.2
遮阳硬卷帘		风荷载，1.2
外遮阳软卷帘		风荷载，1.2
曲臂遮阳篷		风荷载，1.2； 积雪（或积水）荷载，1.2； 自重，1.2＋风荷载，1.0＋积雪（或积水）荷载，0.7； 自重，1.2＋检修荷载，1.4＋积雪（或积水）荷载，0.7
后置式遮阳板（翼）	设计寿命 15 年	风荷载，1.2； 自重，1.2＋风荷载，1.0； 自重，1.2＋积雪荷载，1.0； 自重，1.2＋风荷载，1.0＋积雪荷载，0.7； 自重，1.2＋检修荷载，1.4＋积雪荷载，0.7
	与建筑主体同寿命	风荷载，1.4； 自重，1.2＋风荷载，1.2； 自重，1.2＋积雪荷载，1.4； 自重，1.2＋风荷载，1.0＋积雪荷载，1.0； 自重，1.2＋检修荷载，1.4＋积雪荷载，1.0

一般建筑常用的外遮阳装置尺寸在 3m×3m 范围内，受到的荷载主要为风荷载，应作抗风验算；成品系统的自重荷载通常由产品自身性能来保证而无需验算，但采用非成品系统时则需进行验算；当遮阳装置可能存在积雪、积灰或需要承受安装、检修荷载时（如遮阳装置处于水平或倾斜位置时），则应对积雪、积灰或施工荷载效应进行验算。由于以上荷载在正常使用条件下同时出现的概率很低，故一般情况下不需考虑组合效应；但对大型遮阳建筑（尺寸范围超出 3m×3m 时），遮阳构件的结构安全要求凸显，应进行有关静态、动态验算及组合效应验算。如果遮阳装置设计寿命与主体结构一致或接近且单副质量在 100kg 以上，应做抗地震承载力验算。除验算其强度外，尚应进行变形验算。

5.4.2　遮阳结构安全设计

1. 结构设计基本要求

在对建筑遮阳装置进行结构设计时，出于安全性、可靠性，应考虑诸多因素，如遮阳装置自身承载力；组合体产生的荷载效应；遮阳装置与主体连接的可靠性，当有抗震要求时应进行抗震荷载设计；主体墙的结构形式等。必须充分考虑各种荷载影响，才能使得系统承载能力及安全性能达到要求。

在结构设计过程中，首先应当考虑建筑所需遮阳装置的形式、建筑主体所在地域气候条件及建筑部件等具体情况。建筑活动外遮阳装置及后置式固定外遮阳装置应分别按系统自重、风荷载、正常使用荷载、施工阶段及检修中的荷载等验算其静态承载能力。同时，应在结构主体计算时考虑此类遮阳装置对建筑主体结构的作用。当采用长度尺寸在 3m 及以上或系统自重大于 100kg 及以上的大型外遮阳装置时，应做抗风振、抗地震承载力验算，并应考虑以上荷载的组合效应。对于长度尺寸在 4m 以上的特大型外遮阳装置，且系统复杂难以通过计算判断其安全性能时，应通过风压试验或结构试验，用实体试验检验其系统安全性能。

活动外遮阳装置及后置式固定外遮阳装置应有详细的构件、组装和主体结构连接的构造设计，并应符合相关标准的要求，构造设计的具体要求及规定可参照《建筑遮阳工程技术规范》JGJ 237—2011，在此规范中，对于不同长度尺寸的外遮阳装置结构构造设计提出了不同程度的要求，同时要求在遮阳装置安装施工说明中对于遮阳装置节点与主体结构的连接方式、锚固采取的锚固件的种类个数、主要安装材料的材质等要有明确规定。

2. 遮阳系统安全

遮阳系统在设计时应考虑其在实际使用过程中的安全性，故在设计中需要满足一定要求，从而保证遮阳系统在实际使用过程中的安全性，一些安全性要求如下：

（1）遮阳系统自身及安装节点的承载能力应大于所承受的荷载或其组合值产生的荷载效应。

（2）当采用试验方法判断安全性时，遮阳系统在实验过程中不得出现断裂、脱落等破坏现象；试验完成（试验荷载撤销）后，残余变形应不大于 $L/200$（悬臂构件为 $L/100$）。

（3）为保证遮阳系统的安全性，设计时应使其承载能力大所受荷载，试验时，有恢复要求的遮阳装置，残余变形应满足要求。具体要求可参照《建筑遮阳工程技术规范》JGJ 237—2011，其对于保证遮阳系统安全性做出了相应的规定。

3. 遮阳装置抗震技术与构造

遮阳装置在设计时与主体结构应有可靠的连接或锚固，同时对于长度尺寸较大及设计寿命较长的遮阳装置应进行抗震设计，避免地震时造成不良后果。对于需要进行抗震设计的遮阳装置，抗震构造抗震构造应符合现行国家标准《建筑抗震设计规范》GB 50011 的规定。

（1）对长度尺寸超过 3m 的大型外遮阳装置，设计寿命与主体结构一致或接近时，应进行抗震计算。

（2）当遮阳装置设计寿命不大于主体结构设计寿命的 50% 时，无论尺寸长度如何，可不进行抗震计算，但应有防止发生地震次生灾害的构造设防措施。

（3）非结构构件应根据所属建筑的抗震设防级别和非结构地震破坏的后果及对其整个建筑结构影响的范围，采取不同的抗震措施，达到相应的性能化设计目标。

（4）遮阳装置的抗震设计根据设计条件的不同应采用不同的技术措施，具体要求可参照《建筑遮阳工程技术规范》JGJ 237—2011，其对于遮阳装置的抗震技术及构造做出了相应的规定。

4. 遮阳装置与主体结构的连接

遮阳装置与主体结构的连接应安全可靠，设计要求应该严格，需要满足一定的要求。

遮阳装置与主体结构的连接节点所采用的锚固件应直接锚固在主体结构上，不得锚固在保温层上。锚固件锚固力的设计取值不应小于按不利荷载组合计算得到的锚固力取值的 2 倍，且不应小于 30kN。

遮阳装置与主体结构的连接方式应按锚固力设计取值和实际情况确定，并应符合表 5.17 的要求。当遮阳装置长度尺寸大于或等于 3m 时，所有锚固件均应采用预埋方式。

表 5.17　各类遮阳装置与主体结构连接的锚固要求

种类		锚固件			
		锚固件个数	锚固位置	锚固方式	锚固件材质
外遮阳百叶窗		通过计算确定，且每边不少于 3 个	基层墙体	预埋或后置	膨胀螺栓或钢筋，防腐处理
遮阳硬卷帘					
外遮阳软卷帘		通过计算确定，且每边不少于 2 个	基层墙体	预埋或后置	膨胀螺栓或钢筋，防腐处理
曲臂遮阳篷					
后置式遮阳板（翼）	设计寿命 15 年	通过计算确定，且每边不少于 2 个	基层墙体	预埋或后置	膨胀螺栓或钢筋，防腐处理
	与建筑主体同寿命	通过计算确定，且每边不少于 3 个	基层混凝土（钢）结构	预埋（焊接、螺栓接）	钢筋、防腐处理；不锈钢

锚固件不得直接设置在加气混凝土、混凝土空心砌砖等墙体材料的基层墙体上。当基层墙体为该类不宜锚固件的墙体材料时，应在需要设置锚固件的位置预埋混凝土实心砌块。预埋或后置锚固件及其安装应按照现行行业标准《玻璃幕墙工程技术规范》JGJ 102 和《混凝土结构后锚固技术规程》JGJ 145 的规定执行，并应按照一定比例抽样进行拉拔试验。

遮阳装置采用锚固件锚固在主体结构上时，锚固件的个数、锚固位置、锚固方式和材质应根据具体情况进行选取。遮阳装置与主体结构的连接所用锚固件应符合的相关要求可参照《建筑遮阳工程技术规范》JGJ 237—2011。

5. 遮阳防火设计要求

由于建筑外遮阳与墙壁之间形成空腔会产生烟囱效应，因此在进行结构设计时应注重遮阳的防火设计。一是要做好建筑遮阳的平面防火设计，采用的锚固件、连接件和遮阳构件必须要达到建筑防火设计规范的要求，保证其平面耐火极限达到 3h，并做好水平层间的防火隔断；二是要做好建筑遮阳的立面防火设计，可参照建筑外保温竖向做防火的 3 层一单元的防火竖向隔断。为减少尘土和雨水混合形成的泥渍，可在遮阳装置的表面涂上纳米防火涂料，以减少积尘。

5.5　建筑遮阳机械电气设计

遮阳装置的机械电气设计应包括驱动系统、控制系统、机械系统和安全措施等内容。

5.5.1　驱动系统

遮阳装置的驱动系统应符合《建筑遮阳工程技术规范》JGJ 237 2011 第 6 章的规定。

1. 遮阳装置所用电机的尺寸、扭矩、转速、最大有效圈数或最大行程，以及正常工作时的功率、电流、电压应与所驱动的遮阳装置完全匹配。

（1）额定输出扭矩 T_E

电动装置输出端承受的负载扭矩 T_A 或推力 F_A 应不超过其额定输出扭矩 T_E 或推力 F_E 的 0.9 倍（负载中含与遮阳装置的负载），即：

$$T_A \leqslant 0.9 T_E \tag{5.13}$$

$$F_A \leqslant 0.9 F_E \tag{5.14}$$

式中　0.9——电动外遮阳产品的传动总效率；

　　　T_E——电动装置的额定输出扭矩，N·m；

　　　T_A——外遮阳装置的最大负载扭矩，N·m；

　　　F_E——电动装置的额定输出推力，N；

　　　F_A——外遮阳装置的负载推力，N。

$$T_Z = G \cdot r_m (\text{N} \cdot \text{m}) \tag{5.15}$$

$$G = m_A g = A \rho g \tag{5.16}$$

式中　G——外遮阳装置收起或展开时的平动重量（对于含有平动、转动两种运动的外遮阳装置，平动所消耗的功率大于转动，故仅计算平动重量即可），N；

　　　m_A——外遮阳体的重量，kg；

　　　A——外遮阳体的面积，m²；

　　　ρ——外遮阳体的面比重，kg/m²；

　　　g——重力加速度，$g = 9.8\text{m/s}^2$；

　　　r_m——遮阳体的最大卷绕半径，外遮阳百叶帘的 r_m 为叶片全收时卷绕滑轮上的最大卷绕半径，外遮阳卷帘的 r_m 为帘片全收时最外帘片的卷绕半径，m。

（2）额定功率

考虑到电动外遮阳装置的运行速度适中时消耗的功率较少，故电动装置通常的输出端转速不宜大于 30r/min，尚应与电动机的功率向匹配，即：

$$N_A = \frac{m_A v_A}{6140\eta} \leqslant N_E \tag{5.17}$$

式中　N_A——最大负载功率，kW；

　　　N_E——电动装置中电动机的额定输出功率，kW；

　　　m_A——外遮阳体的质量，kg，$m_A = A\rho$；

　　　v_A——外遮阳体的平动线速度，m/s，其计算式为：

$$v_A = n_E r_m \tag{5.18}$$

式中：n_E——电动装置的额定输出转速，r/s；

　　　r_m——遮阳体的最大卷绕半径，m；

　　　η——外遮阳产品传动总效率，常规产品 $\eta = 0.9$，传动装置在灰尘较大的环境中或手动操作机构安装在室外时，$\eta = 0.85$。

（3）输出最大有效圈数与最大行程

卷绕收放类外遮阳产品展开的最大行程，可换算为传动轴相应的转动圈数，该圈数应小于电动装置的输出最大有效圈数；推拉收放类外遮阳产品的最大行程应小于外遮阳装置的额定最大行程，即：

$$n_{zm} = \frac{H_{zm}}{r_m} + c < n_E \tag{5.19}$$

$$h_{zm} + d < h_E \tag{5.20}$$

式中　n_{zm}——卷绕收放类外遮阳产品展开最大行程换算的传动轴相应的转动圈数；

　　　h_{zm}——推拉收放类外遮阳产品的最大行程，m；

　　　n_{zm}——电动装置的输出最大有效圈数；

　　　H_{zm}——外遮阳产品的最大行程，m；

　　　r_m——遮阳体的最大卷绕半径，m；

　　　c——安全圈数，一般取 $c \geqslant 3$；

　　　d——安全行程，一般取 $d \geqslant 20$mm。

（4）制动器

电动装置中设置了常闭式制动器。当操作开关通电时，制动器内的电磁铁通电产生推力，并克服弹簧力的作用，使制动闸松开，电动机即可根据使用需要正转或反转，驱动遮阳产品展开或收起；当遮阳体运行到既定位置时，操作开关断电，电磁力消失，制动闸在弹簧推力作用下合闸，将遮阳体制动在所需位置上，保障使用安全。选用电动装置时，应考虑遮阳体产生的重力力矩应小于电动装置制动器的制动力矩，从而限制了电动装置所驱动的遮阳体的面积。电动装置中制动器的制动力矩 T_B 应满足下式：

$$T_B \geqslant 1.25 T_A = 1.25 G \cdot r \tag{5.21}$$

式中　T_B——外遮阳装置制动器的制动扭矩，N·m；

　　　T_A——外遮阳装置的最大负载扭矩，N·m。

2. 遮阳装置用电机内部应有过热保护装置

（1）因公共建筑、民用建筑楼层外窗的窗帘高度通常不超过 6m，电动装置上采用的电动机连续运行时间基本不超过 4min，应足以驱动窗帘展开或收起。

（2）电动机每小时的持续运行率一般小于 10%，线圈发热不会超过 80℃，因此可适当降低对电动机内部线圈的绝缘防护的要求，以降低制造成本。

（3）在异常情况下，如操作动作过频、运行受阻或行程开关失效使遮阳体行至极限位置抵死时，运行阻力增大，电动装置超载运行，将导致电动机温度飙升。

（4）为防止电动机过热烧毁，电动装置中设置了过热保护装置，将断电温度设定在 140℃~150℃，一旦电机异常运行发热，过热保护装置会自动关闭内部控制线路，避免电机因内部线圈的绝缘漆融化、线圈短路而烧毁；待电机冷却到正常温度后，内部线路能自动复位，电动装置可以继续运转。因此，过热保护开关是电动装置不可或缺的安全保护设施。

3. 电机的防水、防尘等级应符合现行国家标准《外壳防护等级（IP 代码）》GB 4208 中防护等级大于 IP44 等级的规定。

4. 外遮阳装置使用的驱动装置的防护等级和技术要求应符合现行行业标准《建筑遮阳产品电力驱动装置技术要求》JG/T 276 和《建筑遮阳产品用电机》JG/T 278 的规定。

5.5.2　控制系统

遮阳装置的控制系统应符合《建筑遮阳工程技术规范》JGJ 237—2011 第 6 章的规定。

1. 3m 以上的大型外遮阳装置应采用电机驱动。建筑遮阳装置的控制系统，应根据使用要求或建筑环境的要求选择。对于集中控制的遮阳系统，系统应可显示遮阳装置的状态。

2. 遮阳装置使用的驱动装置，应设有限位装置且可在任意位置停止。

（1）遮阳装置使用的驱动装置应设置电子式或机械式行程限位装置，误差应符合设计要求；

（2）设计无要求时，上、下行程限位装置所控制的停位误差不应大于 5mm；

（3）高度极限限位装置的停位误差不应大于 7mm；

（4）制动器的断电位置下滑距离不应大于 3mm。

3. 机械驱动装置的操作系统及电机驱动装置的控制开关应标识清楚，明确操作方位。

（1）手控或遥控开关上的升、停、降方向指示要直观、醒目；

（2）同一室内使用的多个单频道遥控开关的频率应有较大区别；

（3）当使用群控遥控开关时，各频道的工作频率也要有较大差别，并不可与周围其他遥控电气装置使用的频道相同或相近。

4. 电机驱动外遮阳装置，在加装风速和雨水的传感器时，传感器应置于被控制区域的凸出且无遮蔽处，传感器所处位置应能充分反映该区域内遮阳产品所处的有关气象情况，必要时也可增加阳光自动控制功能。

5. 建筑遮阳控制系统设计应与消防控制系统联动。

（1）每个电动装置应设置下限位开关、上限位开关、上极限限位开关。

（2）下、上行程限位开关为电子开关，可在工程应用中按需要位置设定；上极限限位开关为触碰式开关，设置在传动槽的底面，当上限位开关失效、遮阳体继续超行程上升时，触碰上极限限位开关触头，使开关动作断电，使遮阳体停止上升，实现安全保护功能。

（3）如加装风速和雨水的传感器，应根据当地气象情况设置。电动遮阳装置要单独设置电动开关，也可分区群控。一个遥控装置不宜控制不同开间内的多幅窗帘。

（4）电动外遮阳装置的升降速度不宜大于 2.5m/min；手控或遥控开关上的升、停、降方向指示要醒目。

（5）遮阳控制系统设计与消防控制系统联动是在火灾时，人员能够逃生，防止遮阳系统的安装产生严重灾害。

6. 如果使用调光玻璃窗，环境电压应在 220±5V（AC 50/60Hz），驱动电压（经过电压转换器）宜为 36±4V（AC 50/60Hz），响应速度＜50ms，其他技术性能应符合《电致液晶夹层调光玻璃》JC/T 2129—2012 的规定。

7. 如果使用光伏遮阳板，驱动装置应选用低转速电机，其性能应符合 JG/T 276—2010 和 JG/T 278—2010 的规定，驱动装置应安装牢固、运转平稳，电源软线应符合 JG/T 276—2010 的规定，建筑用光伏遮阳板在工作倾角状态下，实际发电功率不应低于标称功率的 40%。

5.5.3 机械系统

遮阳装置的机械传动系统应符合《建筑遮阳工程技术规范》JGJ 237—2011 第 6 章的规定。

1. 立面安装的垂直运行的遮阳帘体的底杆应平直，并应有保持自垂所需的足够的重量。

2. 导向系统应保证遮阳装置在预定的运行范围内平顺运行。

3. 机械系统应采取相应的润滑措施，并应在系统使用寿命内，具体规定保养周期。

（1）机械系统应在设备停机断电期间实施，定期进行润滑保养。

（2）遮阳产品机械耐久性应符合《建筑遮阳通用要求》JG/T 274—2010 第 6.6 节的要求。

5.5.4 安全措施

遮阳装置的安全应符合《建筑遮阳工程技术规范》JGJ 237—2011 第 6 章的规定。

1. 遮阳的防雷设计应符合现行国家和行业标准《建筑防雷设计规范》GB 50057 和《民用建筑电气设计规范》JGJ 16 的有关规定。

2. 遮阳装置的金属构架应与主体结构的防雷体系可靠连接，连接部位应清除非导电保护层。

3. 电机驱动遮阳装置应采取防漏电措施，并应确保电机的接地线与建筑供电系统的接地可靠连接。

4. 线路接头的绝缘保护应符合现行行业标准《民用建筑电气设计规范》JGJ/T 16 的规定。

5. 所有可操控构件的电力驱动装置均应设置过载保护装置。

6. 机械驱动装置应有阻止误操作造成操作人员伤害及产品损坏的防护设施。

7. 金属遮阳构件或遮阳装置必须有防雷安全措施。金属构架与主体结构的防雷体要可靠连接，连接部位应清除非导电保护层。

8. 电机驱动装置要采取防漏电措施，并应确保电机的接地线与建筑供电系统的接地可靠连接。

9. 所有操控构件的电力驱动装置均应设置过载保护装置。机械驱动装置应有阻止误操作造成操作人员伤害及产品损坏的防护设施。

（1）遮阳的防雷设计要符合现行国家和行业标准《建筑防雷设计规范》GB 50057 和《民用建筑电气设计规范》JGJ 16 的规定；

（2）线路接头的绝缘保护应符合现行行业标准《民用建筑电气设计规范》JGJ 16 的规定。

10. 如果使用光伏遮阳板，其绝缘电阻和湿漏电性能应均为绝缘电阻乘以组件面积，且不应小于 $40M\Omega \cdot m^2$，驱动装置应作等位连接，接地电阻应小于 4Ω，应采取防雷措施，防雷装置应符合 GB 50057—2010 的规定。

5.6　不同遮阳方式性能比较与产品选用

5.6.1　不同遮阳方式性能比较

遮阳效果与地理位置、太阳方位、安装位置等因素有关。一天时间段内，太阳的位置和太阳辐射的强度是不断变化的，不同朝向的建筑受阳面所接受的太阳辐射强度不同，其中，水平面始终处于日光的直接照射下，接收到的太阳辐射量最大。因此，屋顶和天窗的遮阳隔热非常重要，需要采用最适合的有效遮阳方式。

建筑的外围护结构哪个朝向都会有处于阴影的时段，所接受到的太阳辐射量小于屋顶。全天太阳辐射总量和房间内日照面积两个指标，东西向最大，其次是东南、西南；再次是东北、西北；南向又次之；北向最小。

由于我国大部分地区下午室外气温要高于上午，所以西向遮阳较东向遮阳更加重要，适宜的遮阳方式对遮阳效果的影响较大。虽然南向日照时间较长，但因我国大部分处在中低纬度地区，夏季太阳高度角较高，日光照射入房间的深度不深，遮阳方式较易选择。

因此，依据适宜遮阳方式的重要程度，建筑不同朝向排序依次为水平屋顶、西向、西南向、东向、东南向、南向、西北向、东北向、北向。我国地理纬度跨度比较大，具体的差别需要在实际中灵活掌握。

建筑外遮阳可根据与太阳位置的对应关系，设计成水平式遮阳、垂直式遮阳、挡板式遮阳、屋顶遮阳、综合遮阳等形式。

（1）水平式遮阳

水平方向设置的遮阳，在太阳高度角较大时，能有效地遮挡从上方入射的直射阳光。在我国，建筑的南向比较合适的遮阳方式是水平式固定遮阳。尤其在炎热季节，太阳高度角大而方位角在 90°左右的时段内，水平式遮阳效果最佳。此时遮阳方式对视线、采光和通风的影响很小。水平百叶式遮阳如果向下倾斜而且间距足够小，其遮阳效果也很好，且可能出现视线遮挡的问题。对于日出后和日落前的时间段，由于太阳高度角较小，南向水平遮阳方式的效果要较其他时段差。但此时段通常气温不高并且太阳的方位角多偏东或偏西，南向太阳辐射强度不大，所以此时遮阳要求不高，南向水平式遮阳方式足以满足要

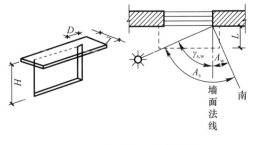

图 5.5　水平遮阳计算图例

求。南向水平式遮阳的一个优点是利用冬夏季太阳高度角的差异，在夏季能有效阻挡日光而不阻挡冬季阳光进入室内，得到宝贵的冬季阳光。与传统建筑的大屋檐遮阳相似，有效利用南向屋顶出挑、遮阳板和遮阳百叶能很好地满足南向遮阳需求。

水平遮阳板的挑出长度计算可按下式计算（见图 5.5）：

$$L = H \cdot \coth \cdot \cos\gamma_{s,w} \qquad (5.22)$$

式中　L——水平板挑出长度，m；

　　　H——水平板下沿至下一水平板高度，m；

　　　h——太阳高度角，（°）；

　　　$\gamma_{s,w}$——太阳方位角与墙方位角之差。

$$\gamma_{s,w} = A_s - A_w \qquad (5.23)$$

式中　A_s——太阳方位角，（°）；

　　　A_w——墙方位角，（°）。

$$D = H \cdot \coth \cdot \sin\gamma_{s,w} \qquad (5.24)$$

式中　D——端翼挑出长度，m。

水平式遮阳一般布置在北回归线以北地区南向及接近南向窗口及北回归线以南地区的南向及北向窗口。

（2）垂直式遮阳

垂直方向设置的遮阳，在太阳高度角较小时能有效遮挡从上方侧面斜向入射的直射阳光。现在很多建筑中的东西向遮阳采用垂直式固定遮阳板。垂直式遮阳方式在建筑的东西向的实际遮阳效果很差，而且会阻挡冬季阳光进入室内。如果必须采用垂直遮阳方式，则可将遮阳构件向南倾斜一定的角度。这样，与普通垂直遮阳相比，遮阳效果会大大加强，而且可以允许冬季更长时段阳光的进入。当然，如果能结合水平式遮阳方式，来遮挡高度角较大的阳光，则其综合效果更好。如果条件允许，采用可调节的垂直式遮阳方式是东西向的最佳遮阳方式，这种遮阳方式如通过电脑程序追踪太阳的运行轨迹，自动调整页片角度或挪动遮阳板，可以达到非常理想的遮阳效果。垂直式遮阳的挑出长度按下式计算（见图 5.6）：

$$L_\perp = B \cdot \cot\gamma_{s,w} \qquad (5.25)$$

式中　$L_\perp$——垂直板挑出长度，m；

　　　B——板面间净距，m；

　　　$\gamma_{s,w}$——太阳方位角与墙方位角之差，按式（5.23）计算。

垂直式遮阳一般布置在北向、东北向、西北向的窗口，以及北回归线以北地区南向及接近南向的窗口。

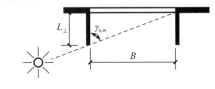

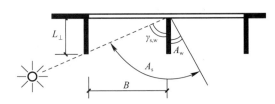

图 5.6　垂直遮阳计算图例

（3）挡板式遮阳

用窗外挡板直接遮挡住入射阳光，设计时应考虑减少挡板对视线和通风的不利影响。挡板式遮阳的构造有两个基本部分：水平板的挑出长度 L 和挡板的高度 H。当窗口采用挡板式遮阳时，首先根据构造要求确定水平板长度，可通过计算窗台离挡板下端的垂直距离得出，挡板高度按下式计算（见图 5.7）：

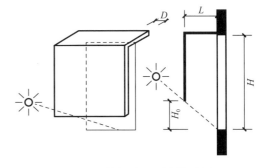

$$H_0 = L/\coth \cdot \cos\gamma_{s,w} \qquad (5.26)$$

$$D = H \cdot \coth \cdot \sin\gamma_{s,w} \qquad (5.27)$$

式中　h——太阳高度角，（°）；

H_1——挡板高度，m，$h = H - H_0$。

$\gamma_{s,w}$——太阳方位角与墙方位角之差；

D——挡板两翼挑出长度，m。

图 5.7　挡板式遮阳计算图例

挡板式遮阳一般布置在东、西向及其附近方向的窗口，能有效遮挡从窗口正前方投射下来的直射阳光。

（4）综合式遮阳

交叉方向设置的遮阳，能有效遮挡从上方正面、侧面斜向入射的直射阳光。东南和西南向的遮阳方式应该选取综合式遮阳方式。综合式遮阳一般布置在从东南向、南向到西南向范围内的窗口，以及北回归线以南地区的北向窗口，能有效遮挡从窗前侧向斜射下来的直射阳光，兼有水平遮阳和垂直遮阳的优点，对于除正东、西向外的各种朝向和高度角高或低的太阳光都比较有效。它兼有水平式和垂直式遮阳方式的优点，可以在两个遮阳需求方向都取得较好的遮阳效果。遮阳构件的尺寸应根据朝向、太阳的角度不同进行分析和设计。根据窗口的朝向和建筑造型的要求，可先计算出水平板和垂直板的挑出长度，然后按构造要求来确定遮阳板的挑出长度。

（5）屋顶遮阳

屋顶遮阳一种是设置在透明屋顶即采光顶下部或上部的遮阳措施，如天篷帘、遮阳板等。屋顶遮阳通常采用水平或垂直遮阳板、遮阳百叶、屋顶遮阳构架；有屋顶天窗时，除了设置外遮阳百叶之外，也可在室内设置织物遮阳帘、布幔、百叶帘等活动遮阳。遮阳百叶是很好的屋顶遮阳方式，通过合理设置其倾斜角度和间距可以适应大部分的朝向。用活动遮阳设在屋顶外表面或内表面，能有效遮挡太阳对室内的直接辐射，屋顶采用遮阳百叶，光线经多次漫反射引入，避免了直射光的炫目，使光线变得柔和，又节约了能源。可调节遮阳方式应用于屋顶遮阳是很适合的。在太阳辐射较弱的阴天，屋面可调遮阳片完全收起使室内得到最大的太阳辐射；在太阳辐射较强的晴天，可调遮阳片则打开成一定角度使室内获得适量的太阳辐射；在寒冷的夜晚，可调遮阳片完全打开，覆盖屋面，从而起到保温的作用。

5.6.2　遮阳产品选用

1. 不同遮阳方式的性能特点

（1）外遮阳、内遮阳性能比较

我国幅员辽阔，建筑物所在地气候特征各不相同，建筑类型、建筑功能、建筑朝向、建筑造型的不同，适宜的遮阳形式也不尽相同。因此，建筑遮阳设计时应合理选择遮阳形式。根据建筑遮阳产品或遮阳构件与建筑外窗的位置，建筑遮阳一般分为外遮阳、中置遮阳及内置遮阳和内遮阳四种形式。不同形式的遮阳效果分析如图 5.8 所示：

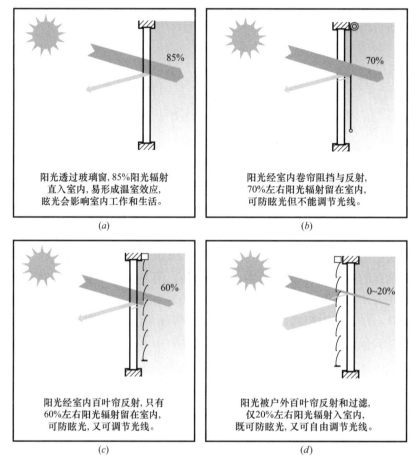

图 5.8　遮阳效果示意图

（a）未安装遮阳设施；（b）安装内遮阳卷帘；（c）安装内遮阳百叶帘；（d）安装外遮阳百叶帘

（2）各类外遮阳和中置遮阳设施性能比较

遮阳设施因其结构不同、安装位置不同，遮阳效果有较大差别，各类外遮阳产品在技术性能上有较大的差异，主要表现在遮阳性能、采光、通风、抗风、私密、保温等方面。外遮阳、中置遮阳、内置遮阳和调光玻璃遮阳等遮阳性能比较见表 5.18。在选用时应从地理位置、建筑高度、遮阳性能、美观和造价等方面综合考虑。

表 5.18　各类外遮阳和中置遮阳设施性能比较

遮阳设施	遮阳系数（夏季/南）	通风	调光	抗风	保温	私密	收拢空间	清洗	维修	价格
固定板	0.8	—	—	强	—	—	—	—	—	低
机翼板	0.3	优	优	优	差	良	—	难	难	高
百叶帘	0.2	优	优	优	中	良	小	易	易	高
金属卷帘	0.33	差	差	优	优	优	大	难	难	中

续表

遮阳设施	遮阳系数（夏季/南）	通风	调光	抗风	保温	私密	收拢空间	清洗	维修	价格
织物帘	0.4	中	良	差	中	良	小	易	易	中
水平篷	0.6	—	—	差	差	—	小	易	易	低
中置	0.2	优	优	优	—	良	小	难	易	高
内置中空百叶窗	0.2	—	优	优	—	良	小	免	不可	中
调光玻璃遮阳窗	0.24	—	优	优	—	优	小	免	难	高
镀膜玻璃	0.35	—	良	优	—	良	小	免	不可	中

2. 遮阳产品选择原则

（1）新建建筑的外遮阳设施应暗装或嵌装在建筑物窗洞内；既有建筑的外遮阳设施宜嵌装或明装；外遮阳装置开启的各种动作不应与窗户的启闭相互干扰。

（2）遮阳帘体的分幅宜与窗户分格、墙面分块及装饰线条相协调。实体遮阳构件与建筑窗口、墙面和屋面之间宜留有一定间隙。遮阳装置承受最大设计风荷载时，其任何金属构件产生挠度后，均不得触碰窗框和玻璃。

（3）当采用内遮阳时，遮阳装置面向室外侧宜采用能反射太阳辐射的材料，可根据气候或天气情况调节遮阳角度，以控制室内光线和热环境。

典型遮阳产品特点及适用范围见表 5.19。

表 5.19　典型遮阳产品特点及适用范围

遮阳种类	最佳遮阳系数	特点	适用范围	备注
硬卷帘	0.3	帘片可选择具有保温作用的，全部展开且关闭具有保温隔声作用，可手动或电动；帘片可全部收入盒内	居住建筑	在夏热冬冷和寒冷地区使用较多
金属百叶卷帘	0.33	可根据光线变化调节帘片角度，可手动或电动；帘片可全部收入盒内	低层建筑	应用地区较广
织物帘卷帘	0.4	帘布可全部垂直展开或部分展开，可根据太阳高度进行调节，帘布可全部收入盒内	低层建筑	在夏热冬冷地区使用较多
中置遮阳	0.3	遮阳装置位于两扇窗之间（或位于 2 层幕墙之间），遮阳产品可以是织物帘卷帘，也可以是金属卷帘等，维修和清洗方便	各种类型建筑	在高档建筑使用较多
曲臂遮阳篷	0.4	遮阳装置位于外窗或外门洞口的外侧，具有遮阳和遮挡一定雨量的作用；在伸展时有一定的倾角即可使室内采光又能遮挡阳光直射，具有手动和电动	低层建筑	适宜各类地区使用；伸展时造型较好，收起时半遮半掩
内置中空百叶窗	0.2	可根据光线变化调节帘片角度，可手动或电动；帘片全部收起时窗的透光面积减少	各种类型建筑	应用面比较广
镀膜玻璃	0.35	有效阻止太阳辐射热进入室内，不受建筑高度、建筑类型的限制	适合于夏热冬热地区的建筑	全国应用较多，但不建议应用在夏热冬冷和寒冷地区
调光玻璃遮阳窗	0.35	可根据光线变化，通过控制电流的通断与否控制玻璃的透明与不透明状态	公共建筑	技术在上升阶段，有待推广应用

遮阳种类	最佳遮阳系数	特点	适用范围	备注
金属遮阳翻板	0.3	通过电动控制翻板的开启闭合,兼有遮阳和建筑造型的作用	公共建筑	高档公共建筑应用较多
建筑光伏遮阳板	0.35	遮阳板可以是玻璃或金属,既可以发电,又可以遮阳,节能效果显著	大型公共建筑	技术在上升阶段,有待推广应用

本章参考文献

[1]　涂逢祥,段恺. 中国建筑遮阳技术. 北京:中国质检出版社,2015.

[2]　杨仕超,石民祥. 建筑外窗综合遮阳系数的确定.

第6章 建筑遮阳施工、验收及保养与维护

人们的生活水平日益提高，思想观念也发生了翻天覆地的变化。在以节能环保为核心观念的可持续发展战略的时代，人们对居住环境的要求相应提高，建筑遮阳产品由于轻盈美观，节能环保，又与建筑立面能完美结合，成为现代建筑常用的表现方式。建筑遮阳施工，是建筑遮阳效果的实现过程，而施工过程是否规范，又会影响建筑遮阳效果，从而影响整个建筑的能耗。建筑遮阳验收，是对建筑遮阳质量安全的把控，建筑遮阳的保养与维护对整个运营维护至关重要，加强对建筑遮阳的施工、验收与维护管理，不仅对建筑本身有积极的影响，还有利于促进建筑行业的可持续发展，具有重要的市场意义。

6.1 相关标准

目前与建筑遮阳施工与验收相关的现行标准有：
《建筑遮阳工程技术规范》JGJ 237—2011；
《建筑装饰装修工程质量验收规范》GB 50210—2001；
《建设工程项目管理规范》GB/T 50326—2017；
《工程建设施工企业质量管理规范》GB/T 50430—2017；
《建筑施工组织设计规范》GB/T 50502—2009；
《建筑节能工程施工质量验收规范》GB 50411—2007。

6.2 建筑遮阳工程施工

6.2.1 一般规定

1. 遮阳安装施工安全应符合现行行业标准《建筑施工高处作业安全技术规范》JGJ 80、《建筑机械使用安全技术规程》JGJ 33 和《施工现场临时用电安全技术规范》JGJ 46 的有关规定。

2. 建筑遮阳装置的安装应在其前道工序施工结束并达到质量要求时方可进行。为了保证遮阳装置的安装质量，要求主体结构应满足遮阳安装的基本条件，特别是结构尺寸的允许偏差与外表面平整度要满足要求。以确保遮阳装置的外观质量、可调节部分的灵活性，以及保证遮阳装置的耐久性。

3. 建筑遮阳工程施工不得降低建筑保温效能。

4. 遮阳安装施工往往要与其他工序交叉作业，编制遮阳工程施工组织设计有利于整个工程的联系配合。编制建筑遮阳工程专项施工方案应与主体工程施工组织设计相配合，并应包括下列内容：

（1）工程进度计划；

（2）进场材料和产品的复验；

（3）与主体结构施工、设备安装、装饰装修的协调配合方案；

（4）进场材料和产品的堆放与保护；

（5）建筑遮阳产品及其附件的搬运、吊装方案；

（6）遮阳设施的安装和组装步骤及要求；

（7）遮阳装置安装后的调试方案；

（8）施工安装过程的安全措施；

（9）遮阳产品及其附件的现场保护方法；

（10）检查验收。

6.2.2 施工准备

1. 遮阳工程开工前，遮阳施工单位应会同土建施工单位检查现场条件、脚手架、通道栏杆、起重、吊装、运输、设备、施工临时电源情况，准确测量定位基准线，确保具备遮阳施工条件。

2. 进场安装建筑遮阳产品或构件应核查质量证明文件，品种、规格、性能和色泽，应符合设计规定。大型遮阳板构件安装前应对产品的外观质量进行检查。

3. 临时材料和产品堆放场地应防雨、防火、防雷，地面坚实并保持干燥。存储架应有足够的承载能力和刚度。储存遮阳产品宜按安装顺序排列，并应有必要的防护措施。

4. 为了保证遮阳装置与主体结构连接的可靠性，应按照设计方案与设计图纸，检查预埋件、预留孔洞与管线等是否符合要求。如预埋件位置偏差过大或未设预埋件时，应制订补救措施与可靠的连接方案。

连接件与主体结构的锚固承载力设计值应大于连接件本身的承载力设计值。遮阳装置与主体结构连接与锚固必须可靠，其承载力必须通过计算或实物试验予以确认，并要留有余地，防止偶然因素产生突然破坏。连接件与主体结构的锚固承载力应大于连接件本身的承载力，任何情况不允许发生锚固破坏。

遮阳装置与混凝土结构的连接，多数情况应通过预埋件实现，预埋件的锚固钢筋是锚固作用的主要来源，混凝土对锚固钢筋的粘结力是决定性的。因此，预埋件必须在混凝土浇灌前埋入，施工时混凝土必须密实振捣。实际工程中，往往由于未采取有效措施来固定预埋件，混凝土浇筑时使预埋件偏离设计位置，影响与遮阳装置的准确连接，甚至无法使用。因此，预埋件的设计与施工应引起足够的重视。

当土建施工中未设预埋件、预埋件漏放、预埋件偏离设计位置太远、设计变更等时，往往要使用后锚固螺栓进行连接。采用后锚固螺旋（机械膨胀螺栓或化学螺栓）时，应采取多种措施，保证连接的可靠性。

5. 预埋件、安装座等隐蔽工程完成并验收合格后方可进行后续工序的施工。

6. 施工企业应按照岗位任职条件配置相应的人员。项目经理、施工质量检查人员、特种作业人员等应按照国家法律法规的要求持证上岗。

7. 施工前应对施工人员进行安全、技术交底。承担建筑装饰装修工程施工的人员应有相应岗位的资格证书。

8. 遮阳组件的吊装机具应符合下列要求：

（1）应根据遮阳组件选择吊装机具；

（2）吊装机具使用前，应进行全面质量、安全检验；

（3）吊具运行速度应可控制，并应有安全保护措施；

（4）吊装机具应采取防止遮阳件摆动和脱落的措施。

9. 遮阳组件运输应符合下列要求：

（1）运输前遮阳组件应按吊装顺序编号，并做好成品保护；

（2）装卸和运输过程中，应保证遮阳组件相互隔开并相对固定，不得相互挤压和串动；

（3）遮阳组件应按编号顺序摆放妥当，不应造成遮阳组件变形。

10. 起吊和就位应符合下列要求：

（1）吊点和挂点应符合设计要求，起吊过程应保持遮阳组件平稳，不撞击其他物体；

（2）吊装过程中应采取保证装饰面不受磨损和挤压的措施；

（3）遮阳组件就位未固定前，吊具不得拆除。

6.2.3　组件安装

1. 在遮阳装置安装前，后置锚固件应在同条件的主体结构上进行现场见证拉拔试验，并应符合设计要求。后置锚固件的安全可靠是保证遮阳装置安全使用的关键，为避免破坏主体结构，拉拔试验应在同条件的主体结构上进行，必须进行见证，且符合设计要求。

后锚固应符合《混凝土结构后锚固技术规程》JGJ 145—2013 的有关规定。机械锚栓的性能应符合《混凝土用机械锚栓》JG 160—2017 的有关规定。

2. 现场组装的遮阳装置应按照产品的组装、安装工艺流程进行组装。

3. 遮阳组件安装就位后应及时校正；校正后应及时与连接部位固定。

4. 遮阳组件安装的允许偏差应符合表 6.1 的要求。

遮阳组件安装允许偏差　　　　　　　　　　表 6.1

项目	与设计位置偏离	遮阳组件实际间隔相对误差距离
允许偏差（mm）	5	5

与设计位置偏离是指安装后的遮阳产品位置与设计图纸规定的位置偏离。通常画线安装，误差应控制在 1mm～3mm，当误差大于 5mm 以上时，业内人员观感明显。若帘布与窗玻璃等宽，当帘布向左偏 10mm，则右边会留出 10mm 亮光，客户通常都能察觉。遮阳组件实际间隔相关误差距离，是指遮阳组件的间隔与设计时的间隔之间的误差。设计间隔一般都设计成等距离安装遮阳组件，如安装时与设计位置偏离 5mm，虽然符合要求了，但如果左一幅往左偏，右一幅往右偏，中间间隔就有 10mm，观感就很明显。因此允许偏差 5mm。

5. 电气安装应按设计进行，并应检查线路连接以及传感器位置是否正确。所采用的电机以及遮阳金属组件应有接地保护，线路接头应有绝缘保护。

6. 遮阳装置各项安装工作完成后，均应分别单独调试，再进行整体运行调试和试运转。调试应使遮阳产品伸展/收回顺畅，开启/关闭到位，限位准确，系统无异响，整体运作协调，达到安装要求，并应记录调试结果。

调试和运转是安装工作最后的重要环节，也是检验遮阳装置是否实现了预期效果的一种方式。要经过反复试运行，并排除各种故障，做到顺利灵活操作。但由于建筑遮阳用电机是不定时工作制，有的伸展一次就处于热保护状态，无法立刻进行收回调试，在夏天可能需要半小时以后才能恢复，但是调试需至少一个循环，必要时需要做 3 个循环。

7. 遮阳安装施工安全应符合现行行业标准《建筑施工高处作业安全技术规范》JGJ 80、《建筑机械使用安全技术规程》JGJ 33 和《施工现场临时用电安全技术规范》JGJ 46 的有关规定。

6.2.3.1　百叶帘安装

1. 测量外框尺寸

应对窗的定位尺寸及标高进行复检。从左到右测量窗子外框的宽度，窗子上、中、下最宽的尺寸，即为外框适合宽度。从上到下测量窗子外框高度，窗子左、中、右最大的尺寸，即为外框的适合高度。

2. 测量内框尺寸

与测量外框尺寸的方法相同，先确定窗口深度足够百叶窗叶片自由活动，不同的安装方式要求窗口深度也不相同：固定或平开安装需要 8cm 的深度；推拉安装时除了考虑产品叶片宽度还要考虑安装产品的层数，一般两层推拉要保证叶片活动需要 15cm 的深度，单扇需要 10cm 的深度，折叠安装需要预留 10cm 的深度。

3. 固定安装码

同一个产品的所有安装码必须在前后、上下方向于同一直线上，如果存在窗帘盒，窗帘盒截面宽度须大于 90mm。要记得将安装码滑块推到底，然后推百叶、旋转摆正百叶。横、竖百叶如要收起，都必须先把叶片转至与墙面垂直后再拉起，若要中途或最后停止，则要把拉绳向右 45°，整幅帘就会自动扣紧。

6.2.3.2　天篷帘安装

1. 安装步骤如图 6.1 所示。

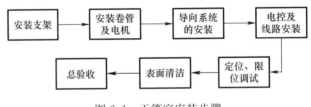

图 6.1　天篷帘安装步骤

2. 辅助支架的设置如图 6.2 所示。

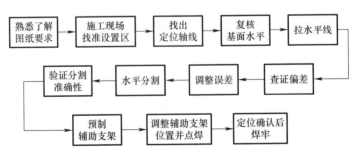

图 6.2　辅助支架的设置工艺流程图

3. 卷管及电机的安装：

（1）组件准备；

（2）组件就位；

（3）将转轮等电机配件装在电机上，并同电机一起装入卷管中；

（4）检查端口塞与支架的配合情况，旋转卷管，再次校验灵活性。

4. 导向系统安装

（1）安装导向系统：将不锈钢导向系统安装定位并固定于准确位置；

（2）将导向钢丝固定于导向系统上，并将其收紧。

6.2.3.3　遮阳篷安装

1. 安装遮阳篷与混凝土墙体连接要求牢固。若墙体没有预埋件或不能可靠安装膨胀螺栓，应另行加装钢结构，确保能够承担遮阳篷荷载；同时不得破坏墙面装饰结构。

2. 确保安装正确、牢固，定位准确。

3. 安装电动遮阳篷，需检查接线是否正确；确认无误后，方可接通电源检查遮阳篷运行情况和限位设置情况。

4. 安装电动遮阳篷宜配置风、光感应器，超过设定风速时自动收回，有强光照射时自动伸展。

6.2.3.4　软卷帘安装

1. 找平安装平面，控制上梁卷管安装的水平误差，防止软卷帘跑偏。

2. 安装平面应该是基础墙体或厚的实木板，避免因振动引起工作时的噪声。

3. 确保安装正确、牢固，定位准确。

4. 安装电动软卷帘，还需检查接线是否正确；确认无误后，方可接通电源检查电动软卷帘运行情况和限位设置情况。

6.2.3.5　遮阳板安装

1. 确保安装正确、可靠，定位准确。

2. 检查接线是否正确；确认无误后，方可接通电源检查电动遮阳板运行情况和限位设置情况。必要时，对安装进行调整。

3. 小型百叶翻板建议框内安装，安装时需配安装角尺，固定牢固即可。

4. 对于中型遮阳板，芯轴与框架内芯轴地板固定，铝百叶通过内部尼龙轴套与芯轴配合转动，固定端盖，紧固边框。

5. 对于组合型遮阳板叶片由多段铝合金龙骨支撑，表面覆铝板，轴头与首末端龙骨螺丝固定。叶片转动需轴承，轴承安装于轴承座内，与外部结构固定，金属框架或是水泥混凝土皆可。

6.2.3.6　硬卷帘安装

1. 后置锚固件应持力在建筑结构基层上，安装前经防水处理。

2. 导轨和端座应安装牢固，上端孔和下端孔应距端头 100mm 以内固定，导轨固件间距不应大于 600mm。

3. 一个端头至少两个 L 形锚固件固定，锚固件选用镀锌钢片且不小于 1.2mm，所有与墙体连接锚固件在外遮阳安装完成后不允许外露。

4. 锚固件的安装不得破坏建筑结构的强度，并应保持外围护结构的保温和防水性能。

5. 外遮阳卷帘窗罩壳及导轨安装测试完毕后必须进行防水处理。手动装置安装在室内时，传动杆穿墙孔应有防水措施。

6.2.3.7 内置遮阳中空玻璃制品施工

在底槽内每隔一定间距放置硬橡胶垫，防止玻璃与钢材接触损坏玻璃，用吸盘将玻璃放置在钢槽中，逐步调平、调直后四周加橡胶垫块，将玻璃固定紧。然后在玻璃槽和玻璃与立柱接触部分打结构胶。在结构胶彻底凝固前，不得晃动玻璃。同时在玻璃上做好标记，防止意外损坏发生。

将内置百叶中空玻璃放入窗框扇凹槽中间，内外两侧的间隙不少于 2mm，装配后应保证玻璃与镶嵌槽间隙，并在主要部位装有减振垫块，使其能缓冲、启闭等力的冲击。

6.2.3.8 百叶窗安装

1. 测量内框尺寸，确定窗口深度足够百叶窗叶片自由活动，不同的安装方式要求的窗口深度也不相同。

2. 固定或平开安装时需要 8cm 深；推拉安装时除了考虑产品叶片宽度外，还要考虑产品的层数，一般两层推拉要保证叶片活动需要 15cm 深，单扇需要 10cm 深；折叠安装需要预留 10cm 深。

3. 百叶窗安装在木方上，也可以选择外挂式安装方式，也就是按最宽、最高的洞口外框尺寸做一木框，固定于洞口外侧墙壁，将百叶窗固定在木框上。如果窗口是水泥、石板或其他比较难固定的百叶窗结构，需要做衬木与墙壁固定，再将产品安装在衬木上。

6.3　建筑遮阳工程质量验收

6.3.1　一般规定

1. 建筑遮阳工程作为建筑分项工程进行验收，其验收内容包括：建筑遮阳帘、建筑遮阳百叶窗、建筑遮阳篷、建筑遮阳格栅、建筑遮阳板、其他遮阳产品。

2. 与建筑结构同时施工的遮阳建筑构件应与结构工程同时验收。

3. 建筑外遮阳分项工程的质量验收和组织，应在各检验批及单机试运转全部验收合格的基础上，方可进行验收。

4. 施工企业应按规定做好对分包工程的质量检查和验收工作，配备和管理施工质量检查所需的各类检测设备。

5. 检验批抽查样本应随机抽取，满足分布均匀，具有代表性的要求，抽样数量除有规定外不应低于表 6.2 的规定。

表 6.2　检验批最小抽样数量

检验批的容量	最小抽样数量	检验批的容量	最小抽样数量
2～8	2	91～150	8
9～15	2	151～280	13
16～25	3	281～500	20
26～50	5	501～1200	32
51～90	5	1201～3200	50

明显不合格的个体可不纳入检验批，但必须进行处理，使其满足规范的规定，对处理的情况应予以记录并重新验收。

6.3.1.1　质量验收要求检查的文件及记录

1. 建筑遮阳工程设计图纸和变更文件；

2. 原材料出厂检验报告和质量证明文件、材料构件设备进场检验报告和验收文件；

3. 现场隐蔽工程检查记录及其他有关验收文件；

4. 施工现场安装记录；

5. 遮阳装置调试和试运行记录；

6. 现场试验和检验报告；

7. 其他必要的资料。

6.3.1.2　隐蔽项目验收

1. 预埋件或后置锚固件；

2. 埋件与主体结构的连接节点；

3. 影响结构安全和主要使用功能的隐蔽工程在隐蔽前应由施工单位通知有关单位进行验收，并做好隐蔽工程验收记录。

6.3.1.3　检验批划分原则

1. 每个单位工程，同一品种、同一厂家、类型和规格的外遮阳产品每 500 副应划分为一个检验批，不足 500 副也应划分为一个检验批。

2. 对于外遮阳构件，每个单位工程，同一品种、同一厂家、类型的外遮阳构件每 2000m² 应划分为一个检验批，不足 2000m² 也应划分为一个检验批。

3. 异型或有特殊要求的外遮阳产品或构件，应根据其特点和数量，由监理或建设单位和施工单位协商确定。

6.3.2　主控项目

6.3.2.1　设计指标及标准要求复核

1. 进场安装的建筑外遮阳产品、构件及其附件的材料、品种、规格和性能。

检查数量：每个检查批抽查不少于 10%。

检验方法：观察、尺量检查；核查产品合格证书、两年有效期内的型式检验报告、材料进场验收记录和复检报告。

2. 遮阳装置的遮阳系数、抗风安全荷载、耐积雪安全荷载、耐积水荷载、机械耐久性应符合相关标准的规定和设计要求。

检验数量：全体检查。

检验方法：检查质量文件和复验报告。

3. 外窗遮阳设施的性能、位置、尺寸应符合设计和产品标准要求；遮阳设施的安装应位置正确、牢固，满足安全和使用功能的要求。

检查数量：每个检验批按最小抽样数量的 2 倍抽样；安装牢固程度全数检查。

检验方法：核查质量证明文件；观察、尺量、手扳检查；核查遮阳设施的抗风计算报告。

6.3.2.2 安全性能检验

1. 遮阳装置与主体结构的锚固连接应符合设计要求。

检验数量：全数检查验收记录。

检验方法：检查预埋件或后置锚固件与主体结构的连接等隐蔽工程施工验收记录和试验报告。

2. 外遮阳产品或构件与主体结构或围护结构的连接应符合工程设计要求。

检查数量：全数检查验收记录。

检验方法：核查预埋件或后置锚固件与主体结构或围护结构的连接等隐蔽工程施工验收记录和试验报告。

3. 电力驱动装置应有接地措施。

检验数量：全数检查。

检验方法：观察检查电力驱动装置的接地措施，进行接地电阻测试。

4. 设置风感应控制系统的遮阳装置，风感应控制系统的品种、规格应符合设计要求和相关标准规定；风速测量的精度应符合设计要求，在危险风速下遮阳装置应能按设计要求收回。

检验数量：全数检查风感应系统。

检验方法：观察检查；核查质量证明文件和检验报告；

5. 遮阳设施的安装位置、遮阳尺寸应满足设计要求，遮阳设施的安装应牢固，满足维护检修的要求，外遮阳设施应满足抗风的要求。

检查数量：安装位置和遮阳尺寸每个检验批检查全数的 10%，并不少于 5 处；牢固程度全数检查；报告全数核查。

检验方法：核查质量证明文件；检查隐蔽工程验收记录；观察、尺量、手扳检查；核查遮阳设施的抗风计算报告或产品检测报告。

6.3.2.3 节能性能检验

1. 遮阳系数应符合表 6.3 的要求，产品型号、规格应符合工程设计的要求。

表 6.3 遮阳系数要求

性能等级	差	中	良	优
遮阳系数 SC	≥0.51	0.41~0.50	0.21~0.40	0~0.20

检查数量：全数检查。

检查方法：检查项目设计文件。

2. 建筑外门窗（包括天窗）进场时，对透光、部分透光遮阳材料的太阳光透射比、反射比应进行复验，复验应为见证取样送检。

检查数量：质量证明文件、复验报告和计算报告等全数核查。遮阳材料太阳光透射比及太阳光反射比等，按同一厂家、同一品种、同一类型的产品各抽查不少于 3 樘（件）。

检验方法：进场时随机抽样送检。

6.3.2.4 操作调节性能检验

1. 遮阳装置的启闭、调节等功能应符合相应产品要求。

检验数量：每个检验批抽查 5%，并不应少于 10 副。

检验方法：按产品说明书做启闭调节试验，并应记录结果。

2. 外遮阳产品或构件的启闭、调节等功能应符合要求。

检查数量：每个检验批抽查 5％，并不少于 10 副；不到 10 副则全数检查。

检验方法：按说明书做启闭调节试验，并记录结果。

3. 活动遮阳设施的调节机构应灵活，并应能调节到位。

检查数量：每个检验批按最小抽样数量抽样，并不少于 10 处。

检验方法：现场进行全程的调节试验，不少于 10 次；观察检查。

4. 外门窗遮阳设施调节应灵活，能调节到位。

检查数量：全数检查。

检验方法：现场调节试验检查。

6.3.3　一般项目

1. 遮阳装置的外观质量应洁净、平整，无大面积划痕、碰伤等外观缺陷；织物应无褪色、污渍、撕裂；型材应无焊缝缺陷，表面涂层应无脱落。

检验数量：全数检查。

检验方法：观察检查。

2. 外遮阳产品或构件的安装偏差应符合规定。

检查数量：全数检查。

检验方法：按表 6.4 进行。

表 6.4　外遮阳产品或构件安装偏差要求

检验项目	允许偏差数值（mm）	检验方法
水平度	2	水平仪
垂直度	2	经纬仪
位置度	5	钢卷尺
间距偏差	5	钢卷尺

3. 遮阳装置的调节应灵活，能调节到位。

检验数量：每个检验批应抽查 5％，并不应少于 10 副。

检验方法：施工现场应按说明书做调节试验，并应记录试验结果。

6.4　保养与维护

6.4.1　基本要求

1. 除有特别约定外，保修期为一年。在保修期内，凡是产品质量问题或施工所造成的问题，遮阳工程施工单位负责免费修理，若产品未按照产品说明书要求使用而受到人为的损坏，遮阳工程施工单位负责修理，费用由损坏人负责。

2. 工程竣工交付使用后，由遮阳工程施工单位及时与业主或物业管理公司签订保修期维修协议，根据保修期维修协议，遮阳施工单位定期回访，了解产品使用过程中存在的不足或需要改进之处。有维修协议的，业主来电、来信，遮阳工程施工单位应立即组织人员及时回访解决，并进行雨季回访、台风季节回访、冬季回访和技术性回访。

3. 外遮阳产品和中置遮阳产品的设计使用年限应不低于 10 年，内遮阳产品的设计使用年限应不低于 5 年。

4. 超过保修期限，施工单位和客户可继续签订维修保养协议。不再签订协议的，业主与物业管理公司应根据《遮阳产品使用说明书》的相关要求及时制定遮阳装置的维修计划，定期进行保养维护定期检查，发现问题，与施工单位联系，施工单位应继续进行售后服务。

6.4.2 使用与维护

1. 遮阳工程竣工验收时，遮阳产品供应商应向业主提供《遮阳产品使用维护说明书》，且《遮阳产品使用维护说明书》应包含以下内容：

（1）遮阳装置的主要性能参数以及设计使用年限；

（2）遮阳装置的产品结构示意图；

（3）遮阳装置使用方法及注意事项；

（4）日常与定期的维护、保养要求；

（5）遮阳装置易损零部件的更换方法；

（6）供应商的保修责任、联系方式。

2. 必要时，供应商在遮阳装置交付使用前可为业主培训遮阳装置维护、保养人员。

3. 工程项目资料，巡检、维修记录应即时存档。维护记录登记清晰，包含维护时间、维护项目、使用环境等。

4. 电致液晶夹层调光玻璃保养注意事项：参考一般玻璃清洁方式擦拭玻璃表面脏污，将清洁液喷于抹布上再进行擦拭，避免直接将清洁液喷洒于玻璃表面，以免发生液体滴落，造成夹层玻璃内部导电层短路。使用干燥超细纤维布（如 3M、思高拭亮百洁布）擦拭脏污。

6.4.3 检查与维修

6.4.3.1 定期检查、维修计划

1. 遮阳装置交付使用后，业主应根据《遮阳产品使用维护说明书》的相关要求及时制定遮阳装置的维护计划，并应定期进行保养维护。

2. 遮阳装置的定期检查、清洗、保养、润滑与维修作业，宜按照供应商提供的使用维护说明书执行。

3. 灾害天气前应对遮阳装置进行防护，灾害天气前后应对遮阳装置进行检查。

4. 大风天气、阴天、夜晚应收起外伸的活动外遮阳装置。

6.4.3.2 机械连接部位腐蚀检查

遮阳装置的使用、维护人员应定期检查遮阳装置的机械性能和遮阳装置连接部位的腐蚀情况，发现问题应及时维修、保养。

6.4.3.3 检查、维修记录

1. 检查、维修记录应即时存档。

2. 检查、维修记录清晰，包含维修时间、维修部位、损耗原因等。

第7章　建筑遮阳工程实例

在我国，建筑遮阳经过十几年的发展，遮阳产品已经广泛应用于不同的建筑中。本章分别从高层居住建筑、多层居住建筑、公共建筑和既有建筑这四大类建筑类型中介绍设计应用较多的外遮阳、中置遮阳和内遮阳产品的工程概况，使读者能够更好地了解建筑遮阳的应用情况和相关遮阳产品特点。

7.1　高层居住建筑中遮阳工程实例

7.1.1　北京某国际公寓外遮阳卷帘窗工程

1. 工程概况

该国际公寓项目占地面积 2.6 万 m²，建筑面积 8 万 m²，由小高层、高层、板楼、塔楼组成。该项目在国内住宅建设中首次实现了"告别空调暖气时代"，成为了我国第一个达到欧洲发达国家居住标准的超五星级、高舒适度低能耗公寓，是全球可持续发展联盟（AGS）组织早期在中国唯一提供技术支持和跟踪监测的房地产项目。

2. 建筑遮阳技术应用情况

该项目采用的外遮阳系统设置于建筑物四个立面，遮阳面积约 3000m²，设计单位以及产品供应单位参考了欧洲的成熟经验，结合建筑物立面的美观性、产品的抗风安全性，以及高层建筑中安装、维护的方便性和安全性，设计选用手动铝合金外遮阳卷帘窗且采用将卷帘窗置于铝合金窗顶部隐藏在干挂饰面砖幕墙后面的暗装技术（见图 7.1 和图 7.2）。

图 7.1　暗装卷帘窗建筑外立面　　　　图 7.2　暗装卷帘窗局部

基于节能考虑，采用了手动拉带的驱动方式，由于设计、配置合理，加上合理选型，手动操纵非常轻松。

主要技术特点：

（1）遮阳效果优异，白天关闭卷帘窗可以完全遮挡光线进入室内；

（2）可根据需要调节室内采光，提高居住环境光舒适度；

（3）关闭的卷帘窗可以将窗系统的 K 值提高 30% 以上，冬季有效提升保温性能；

（4）有效提升窗系统的防盗性能；

（5）提升窗系统的隔声性能；

（6）遮挡视线，提升住宅私密性；

图 7.3　卷帘窗室内

（7）安装、检修方便。

3. 建筑遮阳工程实施的效果

该项目配置德国 ALULUX 铝合金遮阳卷帘窗，夏季能够将 80% 的太阳辐射挡在窗外，不仅可以遮挡直射辐射，还可以遮挡漫射辐射，降低制冷负荷。冬季能将白天的太阳能量留在室内，保证了室内热量不会流失出去。在 2015 年的项目回访中显示遮阳卷帘窗状况依然优良，用户使用满意度很高（见图 7.3）。住户全年的供暖费用不到北京传统供暖的一半。

7.1.2　上海某高层住宅项目外遮阳卷帘窗工程

1. 工程概况

整个住宅由 5 栋叠加别墅，11 栋 16～30 层小高层及高层组成，占地面积约 10 万 m^2，总建筑面积为 27 万 m^2。该项目一层大堂架空 6m～9m，标准层高 3.1m。

该项目引进了 19 项世界先进科技系统，率先在中国住宅建筑上营造"恒温、恒湿、恒氧"的室内环境。同步德国、瑞士等建筑高标准国家，建造真正符合人体健康、舒适需求的高档住宅。

2. 建筑遮阳技术应用情况

（1）设计简介

整个项目的建筑物四个外立面设计安装电动铝合金外遮阳卷帘窗，遮阳面积约 5000m^2。

此工程参考了欧洲的成熟经验，结合建筑物立面的美观性、产品的抗风安全性，以及高层建筑中安装、维护的方便性和安全性，采用将卷帘窗置于铝合金窗顶部隐藏在干挂饰面砖幕墙后面的暗装技术（见图 7.4 和图 7.5）。卷帘窗包箱由亿通轻质砌块构成，既保证了箱体强度，又保证了保温性能、密闭性和隔声性能。检修口设置在室内铝窗上端（在视线外），方便了安装和维修作业。

图 7.4　暗装卷帘窗建筑外立面

图 7.5　卷帘窗室内

由于将卷帘窗与住宅单元的楼宇智能系统 EIB 相连（见图 7.6），大大提升了卷帘窗操作的舒适性和方便性，加装光传感器后可实现卷帘窗跟随阳光强度自动调整的功能。

图 7.6　卷帘窗 EIB 控制界面

（2）主要技术特点

1）遮阳效果优异，白天关闭卷帘窗可以完全遮挡光线进入室内；

2）可根据需要调节室内采光，提高居住环境光舒适度；

3）关闭的卷帘窗可以将窗系统的 K 值提高 30% 以上，冬季有效提升保温性能；

4）有效提升窗系统的防盗性能；

5）提升窗系统的隔声性能；

6）遮挡视线，提升住宅私密性；

7）安装、检修方便。

3. 建筑遮阳工程实施的效果

至目前为止，该项目运行状况良好。卷帘未使用时，遮阳产品和建筑立面形成一个整体，有效地保证了建筑立面效果，给人们简洁、统一的视觉美感；产品发挥遮阳作用时会产生不同的光影效果，光影变化提高了建筑美感，也丰富了室内的光影效果。

铝合金卷帘系统具有施工简便、易操作、系统综合造价低等优点，可以达到良好的节能效果，能得到建筑行业市场的广泛认可，其社会效益和经济效益十分可观。

7.1.3　南京某高层住宅中空内置百叶遮阳产品工程

1. 工程概况

该项目总建筑面积约 12.52 万 m²。其中，地上计容积率建筑面积部分约为 9.33 万 m²，地下部分约 2.85 万 m²。建设内容为 6 幢 17 层～18 层住宅，并设置不少于 8% 的商业面积。

2. 建筑遮阳技术应用情况

（1）设计简介

该项目采用的中空内置百叶遮阳系统设置于东、西和南立面，遮阳面积约 12000m²（见图 7.7 和图 7.8）。百叶中空玻璃是将百叶安装在中空玻璃腔内的一种遮阳产品，中空

图 7.7　远景照

图 7.8 中空百叶近景照

玻璃内的百叶可随意调整角度,使其全部透光、半透光或遮光,同时又能将百叶全部拉起,变成全部透光窗。它尤其突出了中空玻璃独特的保温性、隔声性、防灰尘污染、安全性等优点,是解决建筑用门窗遮阳性能的理想产品。

(2)百叶中空玻璃的主要性能特点

1)隔声性:中空玻璃的独特构造,使其隔声性能可达 32dB。

2)遮阳性:百叶装入中空玻璃内可以随意调节百叶片的角度,实现自然采光、完全遮阳等功能。

3)环保性:百叶中空玻璃无论是百叶还是玻璃在生产和使用过程中均不产生任何污染。又因为百叶在通过密封处理的中空玻璃内,永久性密封确保百叶片永久干净不受污染,避免了复杂的清洗工作。

4)节能性:由于中空玻璃的 K 值(传热系数)比单层玻璃低,普通中空玻璃 K 值为 $2.8W/(m^2 \cdot K)$,单层玻璃为 $6.0W/(m^2 \cdot K)$,百叶中空玻璃最佳状态 K 值为 $1.8W/(m^2 \cdot K)$。而且在夏天,百叶片可以阻挡阳光照射,降低室内温度;冬天,调整百叶角度采光、采暖,可以提高室内温度。所以无论采用空调还是暖气,使用百叶中空玻璃都能使能源消耗大幅降低。

5)安全性:由于采用双层钢化玻璃结构,抗风力及外击力较高,高层或沿海建筑采用中空玻璃最为适宜。另外,因为百叶中空玻璃替代了以往传统的布窗帘,大大降低了火灾隐患。

3. 建筑遮阳工程实施的效果

该项目建筑立面选用的中空内置百叶遮阳产品较好地解决了高层建筑遮阳节能问题和维护清洗问题。对于高层建筑的遮阳问题,若采用户外遮阳产品,则对于产品的抗风性能要求很高,中空内置百叶遮阳产品较好地规避了上述问题。

7.2 多层居住建筑中遮阳工程实例

7.2.1 上海某多层建筑中遮阳金属硬卷帘工程

1. 工程概况

该项目位于上海,总占地面积约 12 万 m^2,由住宅、商业两部分组成。住宅占地约 10 万 m^2,商业占地约 1.8 万 m^2,住宅由 29 栋 5 层精装修大平层点状分布组成,面积在 $240m^2 \sim 330m^2$ 之间,绿化率达 40%,项目整体于 2013 年底完工。该项目设计选用外遮阳金属硬卷帘,遮阳面积为 $6000m^2$。

2. 建筑遮阳技术应用情况

外遮阳金属硬卷帘的技术特点:

(1)作为遮阳主体的帘片由铝合金预辊涂带材双层辊轧成型,空腔内填充聚氨酯发泡材料,帘片铝合金牌号为 3005H16,抗拉强度 195MPa~240MPa、屈服强度≥175MPa,

聚氨酯发泡材料密度≥45kg/m³；帘片规格有 37mm、42mm 和 55mm，如图 7.9 所示。

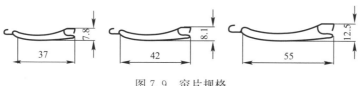

图 7.9　帘片规格

37mm 和 42mm 的帘片带材基材厚度不小于 0.27mm，55mm 的帘片带材基材厚度不小于 0.33mm，帘片表面经过多层优化聚酯纹理烤漆加工而成，其漆面具有优良的抗划伤性能，正面漆面厚度≥25μm；帘片具有重量轻、强度高、外形美观流畅、卷绕紧密、占据空间小、耐候性好的特点。

（2）电机驱动卷闸窗由端座、卷帘轴、罩壳、帘片、导轨、底梁、底轨（外装时用）和管状电机组成。控制方式可以提供有线控制、无线遥控和楼宇智能控制三种控制方式，具有自动限位功能和遇阻停止功能，采用防上推链，还可实现防上推功能。

（3）电机驱动方式提升重量 40kg，提升面积 9m²。

（4）抗风性能达 4 级：额定荷载≥400Pa；机械耐久性能达 3 级：伸展和收回≥10000次；耐腐蚀性达 4 级：中性盐雾试验 240h；抗冲击性：不产生缺口或开裂，凹口平均直径≤20mm；隔声性能≥16dB。

（5）电机驱动卷闸窗应用宽度 0.6m～3m，应用高度 0.6m～3m，对于超宽的窗户可进行分幅，分幅应采用双侧轨，如图 7.10 所示。

（6）端座板和侧扣的配合使用，可有效防止帘片在运行中偏移，使得帘片整体运行顺畅，如图 7.11 所示。

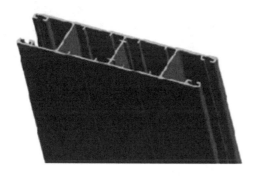

图 7.10　电机驱动卷闸窗双侧轨

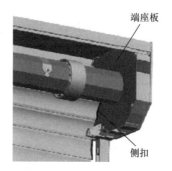

图 7.11　端座板和侧扣的配合

（7）加强型八角管使产品在宽幅面时仍能保证有足够的刚度，并有效节省罩壳空间，如图 7.12 所示。

（8）拐角飘窗采用转角罩壳，使得产品整体外观浑然一体，充分体现出对细节的关注，如图 7.13 所示。

（9）采用带手动装置电机驱动系统，可实现电动、手动一体化控制，断电时亦能启动卷闸窗。

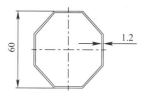

图 7.12　加强型八角管

卷闸窗能很好地阻隔和反射太阳光和辐射热，全关闭状态时，遮阳系数为 0.15，全开启

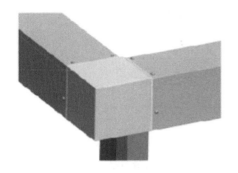

图 7.13 拐角飘窗产品安装示意图

状态时为 1。外遮阳卷闸窗的运用能使安装有卷闸窗与未安装卷闸窗的建筑室内温度相差±(3～4)℃，节能效果显著，上海地区（涵盖江苏、浙江）住宅建筑节能率，如图 7.14 所示。

3. 建筑遮阳工程实施的效果

项目运行状况良好，有效地保证了建筑立面效果，并起到了良好的遮阳节能作用（见图 7.15～图 7.17）。同时，这款遮阳产品通过建设单位的施工应用，具有施工简便、易操作、系统综合造价低等优点，能得到建筑行业市场的广泛认可，其社会效益和经济效益十分可观。

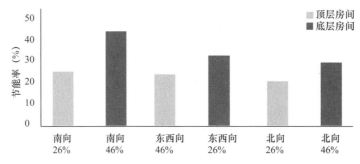

图 7.14 上海地区（涵盖江苏、浙江）住宅建筑节能率

图 7.15 项目建筑外立面

图 7.16 装有卷闸窗的建筑外立面

图 7.17 卷闸窗局部照

7.2.2 南京某精装多层建筑中外遮阳铝合金百叶帘工程

1. 工程概况

该项目位于南京河西，总占地面积约 10 万 m²，建筑面积 139500m²。由多栋多层和小高层（11 层）组成，项目整体于 2014 年年底完工。

2. 建筑遮阳技术应用情况

该项目采用先进、成熟的铝合金翻转百叶外遮阳系统，总遮阳面积为 3000m²。铝合金百叶的叶片采用 0.41mm 厚、80mm 宽的卷边叶片，百叶片由进口设备加工，提升绳、梯绳、卷绳器由瑞士进口，电机采用法国尚飞电机。遮阳系统与门窗采用一体化设计，外遮阳铝合金百叶内装于窗户上口，使建筑外立面更加协调统一。百叶片可以在 $0°\sim180°$ 范围内任意翻转，进而控制室内光线，在遮阳的同时，有效地节约了室内空调、照明用电的能耗。

　　3. 建筑遮阳工程实施的效果

　　该项目采用外遮阳系统和门窗一体化的安装方式，有效地保证了建筑立面效果，同时保证了系统运行的顺畅性（见图 7.18 和图 7.19）。该项目在实施过程中，土建单位有效地控制了墙体的水平度和垂直度，减少了后期的修整工作，有效地保证机构运行的顺畅性以及使用的耐久性能。

图 7.18　项目建筑外立面局部图　　　图 7.19　百叶帘室内照

7.2.3　上海某别墅项目屋顶防漏雨遮阳板产品工程

　　1. 工程概况

　　本项目占地面积达 18 万 m^2，总建筑面积为 6 万多 m^2，由 47 栋独栋别墅组成，项目容积率为 0.2，小区绿化率达 80%（见图 7.20）。

图 7.20　别墅外景

　　2. 建筑遮阳技术应用情况

　　（1）设计简介

　　遮阳设计单位专门设计生产了户外 200 号电动防漏雨遮阳板（见图 7.21 和图 7.22），

遮阳面积约为550m²。首次采用具有双排水凹槽的"W"形铝合金遮阳叶片设计，叶片重叠处采用耐候密封胶条，保证叶片重叠密封，主动排水，防止雨水喷溅、渗漏。

图7.21　户外防漏雨遮阳板（俯视）

图7.22　户外防漏雨遮阳板（仰视）

户外200号防漏雨遮阳板系统，由50mm×70mm×4mm铝框架、200mm铝合金叶片、80mm×160mm×3mm铝合金防水天沟等部件组成。

遮阳板叶片为铝合金材质，能有效阻隔阳光和紫外线。当阳光照射到叶片时，铝片受热升温，空气在自然情况下上下对流，帮助铝片自身降温，有效地控制室内温度。通过电机推动叶片角度旋转，可以有效控制光线对室内不同区域的照射时间。

为体现产品与建筑的完美结合，户外200号防漏雨遮阳板全部安装在框架钢梁内侧，80mm×160mm×3mm防水天沟与金属钢梁下口齐平，遮阳板位于防水天沟上端，确保叶片打开、闭合时不超出金属框架的上、下表面。防水天沟采用现场焊接接缝，预防雨水从接缝处渗漏。产品外观颜色与建筑风格保持一致，所有铝质材料表面用原子灰打磨平整后，参照主体颜色及施工工艺进行喷漆处理，且具有抗腐蚀性能。因遮阳板系统安装于钢框架内侧，其连接处存在焊缝，因此在遮阳板系统设计时已采取措施加以规避。

户外200号防漏雨遮阳板系统的控制方式为：本地开关、无线电遥控，另加风、光、雨感应自动控制：当阳光强烈照射时，根据光控指令自动关闭防漏雨遮阳板，阻挡光线进入室内；当夏季台风来临时，根据风控指令自动打开防漏雨遮阳板，减小风压；下雨天气，根据雨控指令自动关闭防漏雨遮阳板，雨水通过叶片上特殊设计的泄水凹槽，排入防水天沟经落水管排出。本地开关控制和无线电遥控可进行个性化控制，使百叶翻转，调节阳光照射舒适的角度。

（2）防雨遮阳板产品特点：

遮阳板叶片采用主动排水式设计，雨水能沿着该特制叶片的凹面顺畅排出，目前一般户外遮阳板还无此功能；两叶片结合部位采用防渗漏密封设计，密封橡胶可以起到叶片间密闭阻水作用并可微调叶片闭合时的平行度。

防漏雨遮阳板采用 6063-T5 铝合金一次挤压成型，表面氟碳喷涂防护，叶片具有良好的机械性能和良好的耐候性能。

遮阳板叶片整体采用高刚性的优化截面设计，在实现遮阳与隔热节能功能的同时，还可承受冬季积雪对屋面遮阳板产生的荷载重量。

3. 建筑遮阳工程实施的效果

该别墅户外防漏雨遮阳板系统于 2010 年底安装施工完毕，当年就经受了大风雪的考验；2011 年夏季又经受了特大暴雨的考验。业主反映下大雨时该系统没有滴漏现象，历经大雪大雨后，至今全都能够正常使用，完全达到了设计要求。

户外 200 号防漏雨遮阳板系统可与建筑屋顶完美结合，充分体现出其遮阳、隔热、通风、排水及承载等特性。与国内外现有户外遮阳产品相比，其独到的产品优势，在未来在现代公共建筑（大型商场、体育场、轨道交通地面站、公共长廊）屋顶、工业建筑屋顶或其他建筑（别墅、阳光花房、游泳池、车库等）屋顶具有极大的推广应用价值。

7.3　公共建筑中遮阳工程实例

7.3.1　山东烟台电动天棚帘内遮阳产品工程

1. 工程概况

该项目为山东某地区医院门诊楼，总建筑面积 20162m²，地上建筑面积 16330m²，地下建筑面积 3832m²，框架剪力墙结构，主体地上 8 层，地下 1 层，工程于 2015 年年底完工（见图 7.23）。

2. 建筑遮阳技术应用情况

该项目于屋顶安装 FCS 天棚帘，遮阳面积共计 1200m²，同时采用无线遥控的控制方式。

图 7.23　门诊楼照片

FCS 天棚帘全称"双悬锁天棚帘"（见图 7.24 和图 7.25），使用一个管状电机，利用钢丝循环运动从而带动面料收放，达到遮阳效果。FCS 天棚帘机构分传动和面料两个部分。上方传动部分的一端为动力端，利用管状电机旋转带动卷管及固定在卷管上的卷绳器旋转从而使一根钢丝绳进行收放。传动部分的另一端为固定的弹簧滑轮，钢丝通过滑轮进行换向，使一根钢丝的两端能同时固定在卷绳器上，并且钢丝始终保持绷紧。面料部分的上半部分是一根两端固定并绷紧的钢丝。下半部分为面料。面料从顶端开始安装引布轴，间距等分（通常为 1m 左右）。引布轴上安装滚动滑轮，滑轮在固定钢丝上滚动。第一根引布轴与传动钢丝连接，在电机带动下面料沿着固定钢丝展开、收拢。

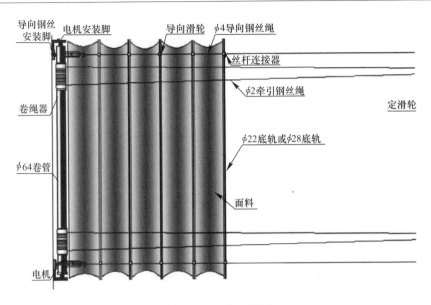

图 7.24 FCS 天棚帘

图 7.25 FCS 天棚帘近照

3. FCS 天棚帘机构选择

每幅幅宽在 0.7m～3.5m 之间，每幅面料长度在 10m 以下为宜，单幅最大面积为 35m²。当幅宽超过 3.5m 时，则可采用一拖二或一拖三机构。根据帘布的尺寸和重量可选用不同转矩的电机。由于该机构张力较小，选用面料的范围较大。根据使用场合的不同，可选择手动、红外线遥控、无线电遥控及智能化控制。

7.3.2 上海某办公大楼遮阳百叶帘工程

1. 工程概况

该项目位于上海，总占地面积为 6631m²，建筑面积为 52000m²，建筑总层数为 23 层，其中地上 21 层，地下 2 层。建筑外墙以干挂石材、玻璃幕墙为主。

2. 建筑遮阳技术应用情况

该项目在建筑外立面设计外遮阳金属百叶帘，遮阳应用面积共 2000m²，采用暗装式的安装方法，产品收起时机构和叶片隐藏于窗户上口的暗盒内，使用方便的同时不影响建筑外立面。

（1）外遮阳金属百叶帘所采用的材料特点：

1）采用先进的辊压工艺成形帘片，一方面增强了叶片的使用性能，大大延长叶片的使用寿命，另一方面大幅降低了产品的制作成本，使产品具有非常好的经济性。

2）户外百叶帘叶片采用 AA6011 铝材制成，铝合金表面采用铝合金转换涂层预处理，再在外表面三涂三烤，大幅提升叶片的防腐性能和表面耐磨性能。

3）户外百叶采用高强度的聚酯纤维梯绳和提升带，抗断裂强度高达 800N 以上，延展率低于 0.5%，收缩率低于 1.5%；可以稳定地保证产品同步升降。

4）采用 0.43mm 厚铝镁合金（5154 H19）制作帘片，韧性高，辊压成型后不易变形，表面采用珐琅烤漆工艺处理，色牢度高不变色，如图 7.26 所示。

5）顶槽：6063-T5 挤压铝合金型材，截面尺寸为 59mm×53mm（宽×高），表面静电粉末喷涂处理，如图 7.27 所示。

6）导向侧轨：分单槽和双槽两种，6063-T5 挤压铝合金型材，截面尺寸统一为单槽 25mm×24mm、双槽 52mm×24mm（宽×高），表面静电粉末喷涂处理，如图 7.28 所示。

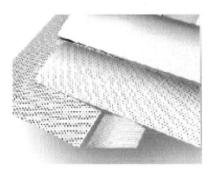 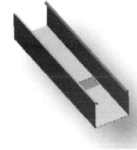 

图 7.26 铝镁合金帘片　　图 7.27 静电粉末喷涂顶槽　　图 7.28 静电粉末喷涂槽轨

（2）外遮阳金属百叶帘的主要优点

1）户外百叶的主要功能是实现对光线的遮挡，采用户外百叶可以将 80% 以上的光线遮挡在室外，从而降低室外辐射热量传入室内。

2）户外百叶的遮阳系数在 0.04～0.14 之间，完全关闭叶片（角度为 72°时）遮阳系数为 0.04，打开帘片 45°时遮阳系数为 0.14；是一款节能效果非常优秀的遮阳产品。

3. 建筑遮阳工程实施的效果

该项目采用的外遮阳百叶帘在遮挡阳光的同时兼顾通风、采光，充分满足了用户的使用习惯，减少了 50% 以上辐射热进入室内（见图 7.29），有效减少空调制冷负荷和使用时间，大大减少夏季总用电量。产品采用嵌入式暗装于外立面石材内，收起时外遮阳系统隐藏于石材内，有效地保证了建筑立面效果（见图 7.30）。

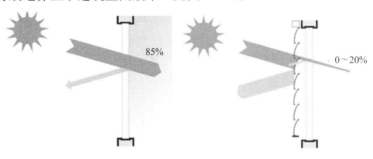

图 7.29 户外百叶节能原理

图 7.30　遮阳效果图

7.3.3　上海"沪上·生态家"多种遮阳形式相结合工程

1. 工程概况

"沪上·生态家"是上海世博会城市最佳实践区的住宅项目，占地约 1300m²，建筑面积约 3150m²。该项目有机融合了江南建筑韵味与海派建筑元素，并响应上海世博会"低碳世博"的核心理念，合理利用屋顶、墙体、室内立体绿化进行了一系列的新能源应用、节能减排的低碳生态新理念，立足上海的城市、人文、气候特征，通过"风、光、影、绿、废"五种主要"生态"元素的构造与技术设施的一体化设计，成功反映了中国上海的未来绿色建筑理念。"沪上·生态家"在设计之初就确定了设计原则：按《绿色建筑评价标准》GB/T 50378 最高等级三星级绿色建筑设计标准设计，以"科技、人性和美学"的理念诠释"关注节能环保，倡导乐活人生"的未来人居生态生活。

2. 建筑遮阳技术应用情况

该工程在"家"的玻璃采光顶的上部设计安装了高反射率的活动遮阳板；在每一个房间南面双层玻璃窗的中间设置了电动铝合金百叶帘；在一楼通道南面的玻璃内侧安装了通高的电动卷帘。这样，在"沪上·生态家"的水平面和立面上，集中展示了户外、中置和内置三种不同种类的遮阳产品（见图 7.31）。同时对上述遮阳产品进行动态自动控制技术，与"家"的楼宇智能化控制系统兼容，保证了上述遮阳产品的遮阳节能功能最大化。

（1）采光顶高反射率活动遮阳板

该活动遮阳板安装在"家"的采光顶上方。当叶片闭合时除了可以遮阳隔热之外，叶片

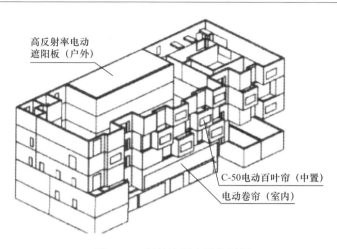

图 7.31　相关遮阳产品位置图

还能够适时翻转角度，通过叶片表面将太阳光反射进入室内，增加照明亮度（见图 7.32），较好地解决了直射光的眩目，改善了人的视觉舒适度。

（2）立面双层玻璃中置电动百叶帘

"家"的每一套住宅南立面均为双层玻璃窗，在两层玻璃之间安装了电动百叶帘（开孔率为 5.8%）。百叶帘的一大特点就是除了遮阳隔热外，还可以通过调节叶片的角度来调节室内的进光量，满足室内照明的需要。同时，叶片还可以反射光线到室内顶棚上，经顶棚再次反射，增大室内进深处的光亮，如图 7.33 所示。

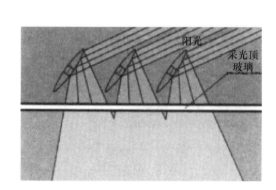

图 7.32　遮阳板对光线的漫反射

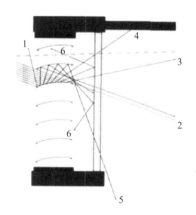

图 7.33　百叶帘对光线的漫反射

1—少量光线被叶片直接向外反射；2—少量光线穿透玻璃直射进入室内（若叶片角度稍稍闭合，即可避免刺眼的阳光直射—利用光跟踪技术即可轻松解决）；3—可以观察室外景观；4—经叶片正面一次折射的光线漫反射至室内天花板，再反射至室内进深处照明；5—经叶片背面二次折射的光线漫反射至室内照明，无眩目感；6—被玻璃反射的部分光线

（3）一层通道内置电动卷帘

电动卷帘是目前使用最为普遍的一种室内遮阳产品。该处电动卷帘所选用的织物面料

的开孔率为7％。即使将卷帘全部伸展，其较大的开孔率仍然保证了在遮蔽阳光的同时，可以从室内清晰地观看到室外的景观。如果是阴雨天，将卷帘收回到一半以上高度或者更高一些，将不会影响室内采光。

3. 建筑遮阳工程实施的效果

住宅建设的发展方向是可持续、生态和绿色，其中遮阳节能技术和产品是必不可少的。"沪上·生态家"所集中展示和选用的遮阳产品包括了户外遮阳、中间遮阳和室内遮阳三大类，也包括了建筑屋顶水平面和建筑立面的遮阳。因此，该项目是集中展示多品种、多位置遮阳产品的一个典型、少有的案例。该项目除了集中展示遮阳产品隔热之外，通过对阳光的反射和折射，充分利用自然光，还实现了照明节能。

在对"沪上·生态家"采用的各项遮阳技术和产品进行综合评估后，得出该项目夏季采用遮阳措施后节能约16％。以3147m² 建筑面积计算，每年夏季可节省空调电费约32000元。按照"沪上·生态家"的原有设计，共有8户不同户型的人家共同生活在这幢建筑里，平均每户一个夏季空调节电可达4000元，这是一项非常了不起的节能指标，当然也与该建筑采用了多种节能措施密切相关（见图7.34～图7.36）。作为一种"绿色技术"，建筑遮阳系统可以从空调能耗和照明能耗两方面共同影响建筑能耗，在调节、改善室内热环境和光环境的同时，达到建筑节能的目的。而且其技术的可靠性和耐久性高，节能经济效益也明显。正因为如此，在住房和城乡建设部《关于印发〈住房和城乡建设部2011年科学技术项目计划〉的通知》"中，"沪上·生态家"遮阳项目被评为2011年科学技术项目计划的科技示范工程立项项目之一。

图7.34 "沪上·生态家"整体图

图7.35 "沪上·生态家"局部图

 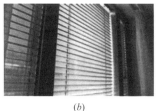 

(a)   (b)   (c)

图 7.36 局部效果

(a) 室内电动卷帘；(b) 中置电动百叶帘；(c) 屋顶活动遮阳板

7.3.4 长沙某软件园总部大楼遮阳工程

1. 工程概况

该工程为公共建筑，占地面积约 300 亩，工程总造价约 1.85 亿元。整个建筑由主楼与裙楼两部分组成，主楼 17 层，裙楼 3 层，地下 2 层，框剪结构，筏板基础，局部采用人工挖孔桩。总建筑面积 57600m²，其中地上建筑面积 44700m²，地下建筑面积 12900m²，整个项目于 2011 年年底完工（见图 7.37）。

2. 建筑遮阳技术应用情况

图 7.37 工程大楼整体照

该工程屋顶、外墙采用了多种形式的遮阳技术，外墙面积达 21000m²，屋顶面积达 6000m²，主要的遮阳设计形式有（见图 7.38）：

图 7.38 部分局部遮阳设施照

（1）外门窗遮阳

主楼及裙楼外墙采用单元式玻璃幕墙，裙楼过厅屋顶采用玻璃天窗，外窗采用铝合金窗，均采用 Low-E 中空玻璃窗。外门采用金属框单框双玻门。

（2）屋顶遮阳

主楼屋面采用钢筋混凝土构架＋金属百叶遮阳；

裙楼弧形部分屋顶采用钢筋混凝土构架＋悬挑钢筋混凝土遮阳板遮阳。

（3）墙面遮阳

主楼南、北两侧玻璃幕墙采用竖向钢筋混凝土 U 形构件及水平钢筋混凝土挑板遮阳，主楼东、西两侧空调搁板采用钢筋混凝土竖向遮阳板＋金属百叶遮阳；裙楼弧形部分北侧立面采用预制钢筋混凝土板遮阳；裙楼南侧采用钢框防腐竹编百叶遮阳。

（4）其他遮阳

主楼北边北入口、裙楼东边主入口采用钢结构玻璃雨棚遮阳、绿化遮阳。

3. 建筑遮阳工程实施的效果

（1）环境改善

该项目地处湖南，属于我国南方炎热地区，夏季漫长，太阳辐射强烈，采用建筑遮阳能够避免太阳辐射热直接进入室内，防止建筑外围结构被阳光过分加热，有力地防止了室内温度升高和波动，从而极大地减少了空调能耗和制冷负荷的增加，大大改善了室内热环境。

（2）功能提升

该工程的水平及竖向遮阳构件及屋顶构架均同建筑主体结构一起浇筑，裙楼弧形部分北侧竖向构件采用工厂预制、现场安装，各种百叶在装饰施工时安装实施；所有的遮阳措施均不单独因遮阳而存在，而是作为主体建筑的一部分，所有起遮阳作用的构件均集划分空间、建筑造型、功能布局及遮阳本身于一体。各种遮阳构件通过结构计算安全、可靠，施工技术简易可行。绿化遮阳系统在景观设计与施工中得到充分的实施。

主楼外窗综合遮阳系数小于 0.24，裙楼综合遮阳系数为 0.19，总体遮阳系数小于 0.3。

（3）节能及经济分析

该工程总投资 1.85 亿元，其中作为遮阳部分的构件投资为 663 万元（不含幕墙），占总造价的 3.5%。幕墙造价 1413 万元，占总造价的 7.6%。

该工程总供电负荷为 6217kW，其中空调负荷为 2542kW。仅因遮阳技术降低能耗按 30% 计算，该工程所在地长沙夏季长达 5 个月，按综合每天 8h 的空调开启时间，可降低能耗用电 915120 度/年，按照用电价格 0.8 元/度计算，可节约资金约 73 万元/年。

据统计，火电厂平均 1kWh（1 度）供电煤耗 360gce。即 1kgce 可以发 3kWh（3 度）的电。工业锅炉每燃烧 1tce，就产生二氧化碳 262kg，二氧化硫 8.5kg，氮氧化物 7.4kg。故该项目每年可节约约 305tce，减少二氧化碳排放约 800t，减少二氧化硫排放约 2.6t，减少氮氧化物排放约 2.26t，并减少了大量粉尘、废渣的排放。有力地减少了环境污染。

另外，由于该工程处于南方酷热地区，夏季时间较长，采取遮阳措施可有效防止屋面保护层热裂引起的渗漏，同时避免了夏季的温室效应，降低了巨大的空调能耗。

7.3.5　广州某办公楼遮阳工程

1. 工程概况

该项目位于广州市珠江新城，是高级办公、商业大厦。项目占地面积为 $6899.84m^2$，项目总建筑面积为 $80149.32m^2$，其中地下室面积为 $16088.55m^2$，建筑密度 36.9%，容积率 8.95，绿化率为 35.4%。结构为钢筋混凝土框架结构体系。其中地下一层至地下三层为停车库和设备房，首层为大堂、安全中心、消防中心，二层～四层为银行，五层为餐厅，六层为会议中心，七层～三十三层为写字楼，三十四层～三十五层为发展集团总部会所，三十六层～三十七层为设备房，屋顶为停机坪。在项目设计过程中相关的建筑节能标准尚未实施，就已超前考虑了节能的理念。大厦整体工程于 2006 年 4 月竣工验收（见图 7.39）。

2. 建筑遮阳技术应用情况

该项目除底层大堂和内凹部分外，外立面玻璃幕墙上安装了 1026 块可随日照角度进行 $180°$ 旋转的竖向铝遮阳百叶，遮阳总面积达 $6300m^2$，同时安装智能控制系统，当时成为世界上首座安装智能控制可调节外遮阳板的大型超高层建筑。

该项目所用遮阳百叶高 6.9m、宽 0.9m，每 3 个为一组，每组可在智能控制下，根据太阳照射角度、风力、天气等因素自动调节角度，达到最佳的遮阳和景观效果，同时也保证了在强台风等恶劣天气条件下的结构安全性。

3. 建筑遮阳工程实施的效果

外遮阳帆板百叶能够在遮阳的同时，兼具通风、采光等功能，可以在原建筑立面外构筑成另一层建筑立面，形成"双表皮遮阳"。双层表皮之间存在空隙，可以降低建筑能耗，同时可改善室内环境（见图 7.40～图 7.43）。整体采用智能控制系统实现遮阳产品有规律、有层次的变化，给人们在视觉上造成一种美的冲击，使建筑形成一种节奏感、韵律感和层次感。

图 7.39　建筑外立面整体实景图

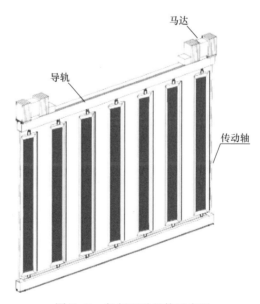

图 7.40　帆板百叶机构示意图

137

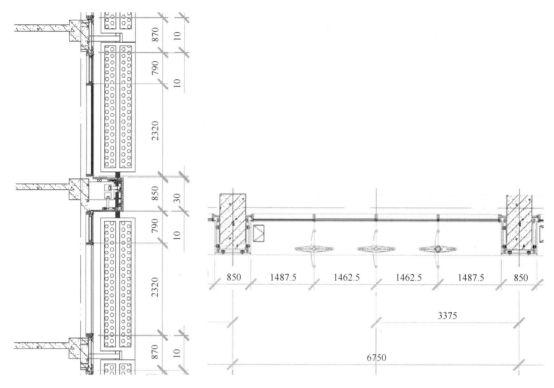

图 7.41 帆板百叶遮阳节点图 1　　　　图 7.42 帆板百叶遮阳节点图 2

图 7.43 帆板百叶近景图

经相关节能软件计算分析及测试，该建筑夏季南、东、西向外遮阳系数分别在 0.44～0.64、0.45～0.67 和 0.46～0.68 之间，有效提高了该建筑所用幕墙的遮阳和隔热水平。

7.4 既有建筑改造项目中遮阳工程实例

7.4.1 江苏省某综合楼改造外遮阳百叶帘工程

1. 工程概况

该项目总建筑面积 5275m²。综合楼为 20 世纪 80 年代建造的建筑，由于年代久远，既有建筑及相关的设施已难以满足现代办公的要求，故决定进行项目改造，综合楼改造后节能标准达到 65%，并列入江苏省既有建筑节能改造和绿色化改造示范工程项目。

结合该建筑的实际情况，依据现行标准《公共建筑节能改造技术规范》JGJ 176、江苏省《公共建筑节能设计标准》DGJ 32/J96 及《绿色建筑评价标准》GB 50378 的要求进行节能改造，采用多种因地制宜的节能和绿色化改造技术，使之达到节能 65% 及绿色建筑二星级的标准。

2. 建筑遮阳技术应用情况

（1）设计简介

综合楼局部外墙增加了爬山虎，并进行了合理的引导，使之覆盖范围更广，生产更茂盛，达到良好的遮阳隔热效果。

综合楼二~四层为办公区域和食堂，建筑东、西、南三面采用的是铝合金单玻窗，且西、南立面在每年 4~10 月份太阳辐射较强烈，冬季比较阴冷，建筑整体节能率较低，故将原来的单玻窗更换为断热铝合金 Low-E 中空玻璃窗，并且在西、南立面外墙设计安装外遮阳电动铝合金百叶帘，面积约 800m²。

（2）主要技术特点

1）遮阳系数为 0.15~0.25，遮阳效果优异；

2）可调节室内光线强弱，提高居住环境光舒适度；

3）可保持室内通风，提高居住环境空气清新；

4）可保持良好的室外视野；

5）叶片由高强度铝合金制造，两端由导轨支承，叶片间透风，抗风荷载能力强；

6）配件材料强度高、耐久性强、耐候性优；

7）产品外形尺寸小，占用空间少，易于实现与建筑一体化；

8）叶片可翻转两面，便于维护、清洗；

9）产品集成化程度高，易于装拆、修理。

（3）项目与遮阳的匹配

铝百叶活动外遮阳可将外窗遮阳系数降到 0.15 以下，节能效果大大提高。在夏、秋季可将炽烈的阳光及热辐射遮挡在室外，并调节叶片使室内通风良好、光线均匀，提高了建筑物的居住舒适度。此外，美观的外遮阳系统还可丰富建筑的立面造型，增加艺术性与现代气息。

该项目所安装的窗户的开启方式为外开，造成了用户使用前期在窗户开启状态下使用百叶帘时，百叶帘会产生故障，带来了一些不必要的维修。所以百叶外遮阳适宜搭配开启方式为推拉或者内开内倒的窗户。

（4）安装简介

外遮阳在工厂制作好，运至现场直接安装，采用流水施工，不影响建筑正常使用，不影响正常的办公。

该项目属于既有建筑，原建筑未预留百叶帘安装位置，所以采用外挂式安装于外墙面。百叶外遮阳的外罩壳颜色和墙面颜色保持一致，做到不影响建筑外观且罩壳和外墙面接缝处需打耐候胶密封。百叶帘机构和轨道通过构件固定在外墙面上，外墙面所有开孔洞口里侧及四周均需打耐候胶密封。前期将每樘窗户配套的百叶帘在工厂加工调试好，施工时通过固定脚手架分楼层集中统一施工并且调试，前后工期 5 个工作日。

该项目大多数为独立办公间，所以采用无线控制系统，每樘百叶帘内置无线接收器，配置相对应的无线发射器，控制简单快捷。

3. 建筑遮阳工程实施的效果

（1）实效测试

活动外遮阳使外窗遮阳系数由 0.8 降到 0.15 以下，夏季空调负荷下降近 50%，活动外遮阳不影响通风、采光，不影响冬季日照。夏季连续 3 天晴好日测试表明，遮阳房间进入的太阳辐射与未遮阳房间进入的太阳辐射比值平均为 0.18，白天自然通风条件下遮阳房间与未遮阳房间室内空气温度相比，平均降低 2.2℃，最高降低 4℃（见图 7.44）。

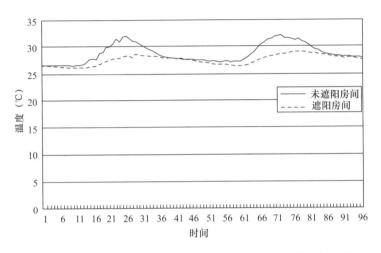

图 7.44 自然通风条件下遮阳房间与未遮阳房间室内空气温度

该产品在遮阳的同时，也可保证室内通风和采光的需求，减少眩光，大幅度改善办公舒适度（见图 7.45）。

图 7.45 外挂式百叶帘（左：室内照，右：室外照）

7.4.2 北京某办公楼改造遮阳工程

1. 工程概况

该建筑位于北京奥林匹克森林公园北园，为旧楼综合节能改造项目，太阳能光伏板装机容量约 600kW，2014 年 10 月完工，解决了办公用电需求，并大幅减少了建筑能耗，提升了办公舒适性。

2. 建筑遮阳技术应用情况

该项目应用类型多样，包括光伏幕墙、光伏遮阳车棚、屋顶分布式光伏薄膜。光伏组件类型多样，包括非晶硅薄膜组件、柔性薄膜组件、彩色透光组件、大尺寸、异形组件等。A 座和 B 座连廊顶部采用了彩色遮阳薄膜组件，满足遮阳功能的同时，不乏美观。

为使整个项目充分体现"灵动"的特征，B 座一～二层幕墙采用了双曲面造型、鳞片式结构，鳞片由一片片光伏组件构成，充分体现了"龙"的象征和特点，实现了薄膜光伏组件与建筑物的完美结合。鳞片结构的设计，满足建筑遮阳功能的同时，还可满足建筑采光需求（见图 7.46）。另外，该项目还采用了智能微网技术，当电网短期断电时，重要负载仍可正常工作。

图 7.46　光伏建筑一体化项目

7.5　小结

现代建筑遮阳已经发展成为一个涉及建筑、结构、水、暖通、材料、机械、电等多种专业的综合性系统；同时，我国幅员辽阔，不同地区的气候、地域以及政策也差异巨大。这就要求在选用遮阳产品时需要综合性考量各方面的因素以及产品自身的特点，从而设计出合适的遮阳方案。

通过各种建筑形式下的不同遮阳项目案例分析发现，只有严格按照遮阳产品及其材料标准要求，结合不同地区的气候、地域以及政策特点，综合性地考量各方面的因素以及产品自身特点来施工，同时做好项目后期维护工作，才能完成出一个和建筑同寿命的遮阳工程项目，才能让遮阳产品长久发挥其该有的作用，才能让"遮阳"不成为用户的负担。

通过不同的案例分析，现在建筑遮阳发展可以归纳为以下三趋势：（1）遮阳设施的系统化、多功能化和个性化；（2）遮阳构件的智能化；（3）遮阳系统的设计与地域性的结合化。

本章参考文献

［1］ 住房和城乡建设部标准定额司，住房和城乡建设部建筑节能与科技司. 建筑遮阳产品推广应用技术指南，北京：中国建筑工业出版社，2011.

［2］ 姚骐，蔡家定，万同刚. 建筑屋顶防漏雨遮阳板工程应用. 建设科技，2012，15（29）：52-53.

第8章 建筑遮阳展望

建筑遮阳是建筑节能最有效的手段之一，其重要性毋庸置疑。合理的遮阳措施能够有效降低建筑能耗，同时也能丰富建筑物的外观艺术表达，改善室内声、光、热环境。遮阳行业是一个新兴的发展行业，随着标准规范的实施与引领，新材料、新技术和智能科技的飞速发展，在建筑节能降耗的基本国策的大形势下，建筑遮阳将会有更广阔的发展前景。

8.1 建筑遮阳发展前景

1. 建筑遮阳行业的前景

目前，我国正处在工业化和城镇化加快发展阶段，建筑能源消耗强度较高，消费规模不断扩大，特别是新建建筑的数量呈指数型增长加剧了能源供求和环境污染。为此，国家高度重视节能减排工作，2015年《巴黎协定》指出，中国将控制二氧化碳排放于2030年左右达到峰值。截至2014年年底我国建筑面积总量约561亿 m²，建筑总商品能耗为8.19亿 tce，约占全国能源消费总量的20%（见表8.1）。加上当年由于新建建筑带来的建造能耗，整个建筑领域的建设和运行能耗占全社会一次能耗总量比例已经达到36%。

表 8.1 中国建筑能耗（2014 年）

用能分类	宏观参数（面积/户数）	电（亿 kWh）	总商品能耗（亿 tce）	能耗强度
北方城镇供暖	126 亿 m²	97	1.84	14.6kgce/m²
城镇住宅（不含北方地区供暖）	2.63 亿户	4080	1.92	729kgce/户
公共建筑（不含北方地区供暖）	107 亿 m²	5889	2.35	22.0kgce/m²
农村住宅	1.60 亿户	1927	2.08	1303kgce/户
合计	13.7 亿人约 560 亿 m²	11993	8.19	598kgce/人

建筑节能降耗是个系统工程，是各方面节能措施综合作用的结果，为保证建筑达到标准规范要求的节能指标，必须综合应用各种节能措施。在严寒和寒冷地区主要靠冬季高效保温外围护结构和良好的建筑气密性，兼顾夏季遮阳隔热措施达到节能降耗的目的。在夏热冬冷（暖）地区、温和地区，建筑遮阳技术以其耗能低、效果好、环境友好的突出特点，成为建筑节能技术的重要组成内容。欧洲遮阳组织 2005 年的《欧盟 25 国遮阳系统节能及 CO_2 减排》研究报告表明：采用遮阳的建筑，可以节约空调用能约 25%，节约供暖用能约 10%。因此，建筑遮阳可作为建筑节能的一种有效方式，建筑遮阳技术的发展可以促进我国建筑节能技术整体水平的提高。

2016 年，国务院印发了《"十三五"节能减排综合工作方案》，强调建筑行业必须强化建筑节能。明确提出实施建筑节能先进标准领跑行动，开展超低能耗及近零能耗建筑建设试点等要求。编制绿色建筑建设标准，开展绿色生态城区建设示范，到 2020 年，城镇绿色建筑面积占新建建筑面积比重提高到50％；其中北方和沿海经济发达地区、特大城市新建建筑实现节能65％的目标，完成绝大部分既有建筑节能改造。这些政策的落实与执行为整个建筑遮阳行业的高速发展提供了良好契机。

2. 我国建筑遮阳行业供需分析

我国将节约能源放到了社会可持续发展的战略高度。建筑节能中推广应用新的节能技术是唯一有效的途径，门窗遮阳技术就是建筑隔热保温通风技术的代表。在欧洲，每年的市场容量为1600万套；在德国，每年的市场容量为500万套；在中国，外遮阳卷帘窗普及的比例还不到2％，巨大的财富机遇在政策的推动下跃然呈现。据中国建筑业协会遮阳专业委员会的统计数据，"十一五"期间，我国遮阳企业从不足1000家增长到3500余家；产值从30亿元增加到近80亿元，但是欧洲遮阳行业的产值超过150亿欧元。可见我国市场的潜力巨大。

8.2 建筑遮阳的发展

随着对建筑节能的要求越来越严格和细化，对建筑外观及内部光、热环境要求的不断提高，建筑遮阳在调节室内眩光和照度、控制室内得热量方面得到了飞速发展。在与建筑协调发展过程中，建筑遮阳呈现出一体化、综合化、智能化等发展趋势。新材料的不断出现和高速发展扩展了建筑遮阳用料，建筑遮阳材料的个性化、绿色化，设计策略的复合化、智能化等发展方向，随之突显出各种新型遮阳产品，推动着建筑遮阳技术的发展。

1. 建筑遮阳技术发展

随着建筑技术的发展以及建筑节能标准的提高，建筑遮阳在建筑中发挥的功能和作用也变得越来越丰富了，主要体现在与其他建筑系统耦合，形成多功能的一体化结构或系统。

（1）遮阳与调光一体化

建筑遮阳的主要功能是建筑防热，建筑遮阳在防热的同时也遮蔽了来自太阳的自然光，遮阳需要根据室外太阳辐射强弱、方向的不断变化，施加合理的控制策略与系统，有效利用自然采光，降低人工照明能耗。利用人员行为模式控制策略形成的自动遮阳系统调节透过窗洞的自然光和室内人工光源的照度分析，来实现建筑室内光环境的自控调节与控制，以满足物理、生理（视觉）、心理、人体功效学及美学等方面的要求。使得建筑能最大限度地隔热和最低程度地遮光。

遮阳与调光一体化的方式有4种发展趋势：1）设置活动垂直或水平遮阳百叶，根据室外照度和室内照度需求耦合控制转动遮阳构件，调节光线进入室内的光照量，加入室内工作人员的行为模式控制，进行光和热的优选控制；2）设置固定或活动追光反射式遮光板，在阻挡太阳光对板下窗户直射的同时，将部分太阳光反射入室内，再经过具有散射功能的室内顶棚转化成柔和的光线供采光使用；3）采用光控活动遮阳卷帘及遮阳一体化窗，这种方式结合了活动百叶的可调性与室内照度和太阳热辐射需求自动选择分配的优势，对光通量和室内得热的控制更为灵活。4）采用自控折叠式遮光板遮阳，这种方式结合了活动百叶的可调性与室内光和热的自由转换，对光线和得热的控制更为灵活，而且对于建筑立面非既定构图的表达增添的一种表达方式。

（2）遮阳与通风一体化设计

遮阳设施对自然通风的影响主要体现在两个方面：一方面，不合理的建筑遮阳方式会阻碍空气流动，改变自然通风的流向，对自然通风有一定的阻挡作用，使室内通风不畅，一般将导致室内风速减弱 $22\%\sim47\%$；另一方面，某些不合理的遮阳构件甚至会将下层住户排出的废气反向引入上层住户的室内，造成室内空气质量恶化。

遮阳与通风兼顾的方式一般有三种：第一种是呼吸式幕墙结构，双层玻璃幕墙空腔内安装遮阳装置，采用可调节遮阳方式，根据建筑负荷需求，调节通风方式与遮阳状态；第二种是合理设计遮阳构件的安装位置，保证遮阳构件与建筑立面之间留有适当空间，调整遮阳板的角度与尺寸，引导气流进入室内；第三种是选择镂空的遮阳板，带有格栅或镂空孔洞的遮阳板，有助于调节建筑表面微环境内的气流流场，根据建筑负荷需求调控建筑得热量。

（3）建筑遮阳与产能系统一体化

随着太阳能建筑一体化与建筑遮阳的发展，两者相结合的技术也逐步发展，复合太阳能遮阳体系层出不穷，太阳能光伏、光热技术均在建筑遮阳设计中得到体现。由于光伏一体化建筑的推广、光伏组件生产过程中成本的降低及安装的便利性和快捷性，太阳能光伏遮阳系统得到了迅速的发展。该技术主要是通过光伏、光热组件接受太阳辐射产生电能和热能的同时阻挡太阳光对室内的照射，从而达到节能效果。目前多应用于屋面遮阳、窗口遮阳以及建筑玻璃幕墙等方面。

1）光伏遮阳组件的特点

光伏遮阳组件多采用多晶硅及薄膜光伏组件。特别是薄膜光伏组件弱光发电性能好，对遮挡不敏感，功率受温度升高影响小，可直接实现单体电池的内部串、并联，外观更整洁，是用于光伏遮阳的较佳选择。薄膜光伏组件主要有硅基薄膜组件、铜铟镓硒薄膜组件。铜铟镓硒薄膜组件按照封装方式又可分为双面玻璃组件和轻质柔性组件。

多晶硅组件是通过人工焊接将分选出来的电池片串接，再经叠层、层压切边、装框接线等工序制造而成。因技术路线比较成熟，目前多晶硅组件价格已大幅下降。硅基薄膜组件采用硅为基体材料，通过一系列自动化生产工艺使太阳能电池生长在导电玻璃上，并经层压、修边、接线装框等工序制造而成。硅基薄膜组件具有生产工艺技术先进，弱光发电效应好，小区域遮挡影响小，随温度升高功率损失小等优势。铜铟镓硒薄膜组件系指以铜、铟、镓、硒为关键材料，通过自动化生产工序制备而成的光伏组件。与硅基薄膜光伏组件相比，除在生产工艺与产品性能上具有相似的优势外，铜铟镓硒薄膜组件在转换效率方面有明显提升，相同面积拥有更高的发电功率。

2）光伏遮阳组件的选择

光伏遮阳组件用于顶面遮阳时，阳光照射充分，有较高的发电功率，建议选用透光率可定制的双玻遮阳组件。对于建筑立面，可以选择透光组件或者非透光组件。对于承重要求较高的建筑立面，可以采用轻质、柔性遮阳组件。柔性光伏构件施工简单方便，能与各种不同建筑形状紧密结合，其重量为 $2.7\mathrm{kg/m^2}\sim3.3\mathrm{kg/m^2}$。

（4）建筑遮阳与建筑绿化一体化

随着建筑防水技术和防水材料的发展，外围护结构绿色植物遮阳再次受到青睐。绿色植物遮阳在夏热冬冷地区、夏热冬暖和温和地区的成功案例越来越多。被业内赋予新名词——植物遮阳（见图 8.1）。植物遮阳不同于其他建筑构件遮阳之处还在于它的能量流向。植被通过光合作用将太阳能转化为生物能，植被叶片本身的温度并未显著升高，而遮阳构件在吸收太阳能后温度会显著升高，其中一部分热量还会通过各种方式向室内传递。植物遮阳按照设置位置可以分为：屋顶植物遮阳、立面植物遮阳和大型乔木遮挡式遮阳三种。

图 8.1　建筑遮阳与绿化相结合

屋面绿化是人类改变环境尤其是改变建筑微环境的重要手段，而将绿化应用到屋顶遮阳隔热上是一种理想的被动节能方式。在提倡可持续发展的建筑和规划中，可推行并广泛使用。屋面绿化作为一种生态设计形式引起越来越多的研究者和设计者的重视。屋面绿化影响屋面的热过程，其应用效果受到太阳入射条件、植物光学特性、植物几何结构和叶面积指数、环境温度、环境风速、空气湿度等因素影响，其中植物光学特性主要表现在植物对不同太阳光谱波段的入射具有不同的吸收、反射和透射能力，对可见光的吸收率高，而对红外辐射的吸收率低。

（5）建筑遮阳与机械智能化

1）机械"光圈"遮阳幕墙。1980 年，由时任法国总统密特朗提议，在巴黎塞纳河左岸建造一座阿拉伯世界文化中心（Arab World Institute），旨在跨越阿拉伯文化与西方文化的藩篱，使西方大众认知、感受这一悠久文明的价值。设计师 Jean Nouvel 将阿拉伯世界文化中心设计成了一个精密的科学产品，其最主要的创新是针对建筑外表面采用"智能"机械结构，通过对遮阳系统与采光的控制，改变建筑室内的"环境"（见图 8.2）。

图 8.2　巴黎阿拉伯世界文化中心遮阳系统

建筑南立面整齐地排列了近百个光圈般构造的窗格，灰蓝色的玻璃窗格之后是整齐划一的金属构件。该遮阳装置采用了如同照相机光圈般的几何孔洞，材料是铝，通过内部机械系统驱动光圈开合，并根据天气阴晴调节进入室内的光线。光与影的变化又在内部形成了扑朔迷离的效果，暗合了阿拉伯文化的神秘。

2）建筑智能遮阳外衣。德国 Q1 办公楼采用的策略是给建筑四个面都套上一层用遮阳系统制成的"外衣"。这是一种造型特殊的遮阳系统，该系统的基本单元由两个大小形状都相同的三角形遮阳单元以及把它们连接在一起的连接杆件构成，而每个遮阳单元又由几十个小的水平遮阳板构成。当太阳光照过于强烈时，遮阳单元会完全展开，在玻璃幕墙外面形成一个严丝合缝的遮阳外墙；当建筑需要光照时，闭合的遮阳单元会根据需要以一定的角度偏向某个方位方向展开，或者完全收起来，把阳光和窗外的景观完全引入室内（见图 8.3）。

图 8.3　德国的 Q1 办公楼遮阳

3）"呼吸"的彩色幕墙遮阳。GSW 总部大楼设计的核心概念是设计一座生态节能建筑，其西立面的双层玻璃幕墙包括三层：最外面是一层单层玻璃幕墙系统，最里面的一层是离地高度为 60cm、可开启的双层玻璃幕墙系统。在两层玻璃幕墙之间留有一条宽度为 1m 的空间，每层都设有格栅铁网以便于安装维护，其上是许多橘红色系的 2.9m×0.6m×1.5mm 的穿孔铝质遮阳板。遮阳板是可以折叠的，其结构类似于扇子，它们可以根据采光需要在计算机的控制下自动调整展开，也可以由用户根据自身喜好手动调节（见图 8.4）。

2. 建筑遮阳用材料发展

建筑遮阳功能多样化发展对建筑遮阳构件的材料也有了新的要求，建筑遮阳用材料主要向功能化、智能化以及与建筑同寿命的方向发展。随着科技的发展，具有优异的耐候性

图 8.4　GSW 新办公楼遮阳

及耐久性的新型高分子及复合材料不断涌现。如今新型的遮阳材料有轻质金属、合金、高分子合成物、选择性透光玻璃、光电玻璃、高性能合成纤维、光导纤维等。

（1）高分子材料

高分子材料是由相对分子质量较高的化合物构成，已与金属材料、无机非金属材料一起成为科学技术、经济建设中的重要材料。高分子材料独特的结构和易改性、易加工特点使其具有其他材料不可比拟、不可取代的优异性能，从而具有广泛的应用前景。高分子材料包括两类：天然高分子材料存在于动物、植物及生物体内，如天然纤维、天然树脂、天然橡胶、动物胶等；合成高分子材料主要指塑料、合成橡胶和合成纤维三大合成材料，合成高分子材料具有天然高分子材料所没有的或较为优越的性能——较小的密度、较高的力学、耐磨性、耐腐蚀性、电绝缘性等。

（2）复合材料

复合材料由两种或多种性质不同的材料通过物理和化学复合组成，具有两个或两个以上相态结构。该类材料不仅性能优于组成中的任意一个单独的材料，而且还可具有组合成份单独不具有的独特性能。聚合物分散液晶（Polymer Dispersed Liquid Crystal，PDLC）材料是将小分子液晶材料分散到聚合物中形成的一种具有特殊光电性能的复合材料，其中微滴尺寸一般小于 $10\mu m$。无外电场情况下，不同微滴内液晶的指向是随机的，复合物呈现乳白色的散射状态；若施加的电场比较强，足以使所有微滴内液晶指向矢都与电场平行时，复合物呈现出透明的特征，PDLC 膜的结构及工作原理如图 8.5 和图 8.6 所示。由于其独特的光电性能，并且具有制作工艺简单，成本较低等优点，现在广泛应用于高清电视、光电开关、智能玻璃、光栅等。

（3）高分子复合材料

高分子复合材料指高分子材料和另外组成不同、形状不同、性质不同的物质复合而成的多相材料。高分子复合材料的最大优点是取各种材料之长，如高强度、质轻、耐温、耐腐蚀、绝热、绝缘等，根据应用目的选取高分子材料和其他具有特殊性质的材料制成满足需要的高分子复合材料。如张拉膜（Membrane）是由多种高强高分子薄膜材料及加强构

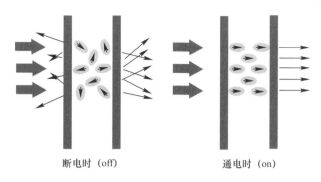

断电时（off）　　　　　通电时（on）

图 8.5 PDLC 膜工作原理图

图 8.6 PDLC 膜结构工作效果图

件（钢架、钢柱或钢索）通过一定方式产生的，可作为覆盖结构、遮阳结构，并能承受一定的外荷载作用。

（4）玻璃纤维

玻璃纤维是一种性能优异的无机非金属材料，主要成分为二氧化硅、氧化铝、氧化钙、氧化硼、氧化镁、氧化钠等。根据玻璃中的碱含量，可分为无碱玻璃纤维（氧化钠含量为 0～2%，属铝硼硅酸盐玻璃）、中碱玻璃纤维（氧化钠含量为 8%～12%，属含硼或不含硼的钠钙硅酸盐玻璃）和高碱玻璃纤维（氧化钠含量为 13% 以上，属钠钙硅酸盐玻璃）。其优点是绝缘性好、耐热性强、抗腐蚀性好、机械强度高；缺点是性脆、耐磨性较差。

玻璃纤维是一种性能优异的无机非金属材料，它以玻璃球或废旧玻璃为原料，经高温熔制、拉丝、络纱、织布等工艺制成。玻璃纤维随其直径变小而强度增高，且具有柔软性。玻璃纤维单丝的直径从 $12\mu m$ 到 $20\mu m$ 不等，相当于一根头发丝的 $1/20～1/5$。每束纤维原丝由数百根甚至上千根单丝组成，通常作为复合材料中的增强材料、电绝缘材料和绝热保温材料等，广泛应用于织物遮阳产品。

（5）变色调光玻璃

利用玻璃本身遮阳，常见的有彩釉玻璃、low-E 玻璃、玻璃百叶，玻璃挡板等。彩釉玻璃通过丝网印刷技术在透明玻璃上印制各种不透明的花纹，以形成能遮挡阳光的彩釉玻璃，其遮阳效果明显。磨砂玻璃、镀膜玻璃、光质变玻璃和光电玻璃等来做遮阳构件，也能达到一定的遮阳效果。

1）热致变色玻璃

热致变色（Thermochromism）是指一些化合物和混合物在受热或冷却时可见吸收光

谱发生变化的性质。具有热致变色特性的物质称为热致变色材料（Thermochromism materials）。热致变色材料是由变色物质加上其他辅助成分组成的功能材料，它具有颜色随温度改变的特性。从热力学角度，可将热致变色材料分为不可逆热致变色材料和可逆热致变色材料两大类。作为建筑遮阳用材料，可逆热致变色材料在建筑透明围护结构中的遮阳隔热作用非常显著。

可逆热致变色材料是指将材料加热到某一温度或温度区间时，其颜色发生明显变化，呈现出新的颜色，而当温度恢复到初温后，颜色也会随之复原，颜色变化具有可逆性。这种材料是一种具有颜色记忆功能的智能型材料，可以反复使用。其中可逆有机类热致变色材料在各类热致变色材料中综合性能最优，成为目前热致变色材料研究和应用的热点。可逆有机热致变色材料按化合物的类型可以分为：螺吡喃类、荧烷类、三芳甲烷类、吩噻嗪类、席夫碱类、双蒽酮类、α—萘醌衍生物和有机复配物等。对于各类具有可逆热致变色性质的化合物，其热致变色原理主要可概括为物质结构的变化、分子内电子转移平衡以及分子间的质子得失 3 种机理。

热致变色材料的应用领域很多，已在航空航天、石油化工、机械、能源利用、化学防伪、日用品装饰和科学研究等方面获得广泛应用。将热致变色薄膜或材料置于两块玻璃之间或内外表面，可随温度变化调节透光率，是价格低廉、无毒无害的建筑隔热、节能新材料。

热致变色材料的变色性能可以根据《石英玻璃热变色性试验方法》GB/T 4121—1983 中的方法测试。但热致变色材料通常都存在一个相变温度，在相变温度点附近，材料表现出不同的光学性质和透光率的突变。热致变色材料的种类虽然较多，但建筑节能中应用的材料要求相变温度在室温附近（28℃左右）。目前，以钒的氧化物（VO_2）为基础的薄膜涂层是研究的热点，这种材料伴有明显的光学和电学性能的变化。

热致变色玻璃是在普通玻璃上涂敷一层热致变色材料。热致智能玻璃利用半导体—金属相变材料的特性，随环境温度自动改变玻璃光学性能从而调节进光量，无需额外能源或工质驱动，是目前最具产业化前景的智能镀膜玻璃。

2）电致变色玻璃

电致变色玻璃是一种新型的功能玻璃，近年来在智能窗的研究、应用开发方面非常活跃。这种由基础玻璃和电致变色系统组成的装置利用电致变色材料在电场作用下引起的透光（或吸收）性能的可调性，实现调节光照度的目的。同时，电致变色系统通过选择性地吸收或反射外界热辐射和阻止内部热扩散，可减少建筑能耗。

变色材料分为无机（以三氧化钨为主）和有机（以紫罗兰为主）两类材料。通常，变色材料以薄膜的形式涂覆于中空玻璃的最外侧玻璃内表面，薄膜两面附有透明电极，通过对薄膜施加直流电压，薄膜材料的颜色和透光率发生变化。以三氧化钨为例，在无电压的情况下是无色透明的，施加电压后，薄膜变成蓝色，电压越高蓝色越深，去除电压，薄膜恢复无色透明状态。目前，电致变色玻璃量产的产品主要是中空玻璃，尺寸最大可达到 1.5m×3m，可见光透过率可以在 1%～60% 的范围内变化，太阳能得热系数可以在 0.09～0.41 的范围内变化。

电致变色玻璃由 PDLC 膜内外利用透明粘接层粘接两层玻璃组成，如图 8.7 所示。电致变色玻璃的使用需要配套的供电和控制系统，通常每片中空玻璃需要一根 4 芯导线作为 24V 低压供电和信号传输。中空玻璃通过导线和中央控制器连接，导线可从窗框中穿过从而减少对外观的影响。自动控制系统由一个中央控制器和安装于室内外的多个照度传感器组成。安装在室内和室外的照度传感器可以随时测量室内和室外的照度水平，中央控制器会根据传感器的数据对玻璃的透光率进行调节，在满足室内采光和防眩光需求的情况下尽量减少太阳得热。另外，按键式的手动控制器可以让用户根据实际需求对玻璃的透光率进行调节（例如需要使用投影仪或提高私密性时）。

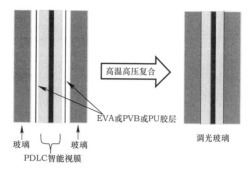

图 8.7　调光玻璃遮阳原理图

3）光致变色玻璃

光致变色膜也是近期研究较热的玻璃节能膜技术之一。光致变色（photochromism）是指化合物在受到一定波长的光照射下发生化学反应，由 A 构型得到另一个不同颜色的构型产物 B，而在另一波长的光照下或热的作用下，又能恢复到原来的构型。比较具有实际应用意义的光致变色过程是：A 只在近紫外光谱区（360nm～400nm）有吸收，而在可见光谱区（400nm～750nm）没有吸收，称之为隐色体；而 B 在可见光谱区有明显吸收，则称之为显色体，或呈色体。光致变色材料由于其在光能量转换、光学镜片、节能玻璃、光学防伪、装饰材料、光信息存储和光记录等方面显示出巨大的潜在应用前景而受到关注。其变色深度随激发紫外线的强弱作智能调节。

（6）光伏材料

近年来，光伏建筑一体化（Building Integra ted Photovoltaic，BIPV）技术已经成为太阳能利用领域和建筑节能领域研究开发的共同热点。光伏发电与建筑遮阳的结合具有以下优点：可以有效地减少建筑能耗；不再需要额外占地，节省了土地资源；作为独立电源进行发电可以就地利用，可以减少架设输电线路的投资或者降低线路损耗；光伏发电没有噪声，没有 CO_2 排放，不消耗任何燃料，公众易于接受。光伏材料能将太阳能直接转换成电能的材料。光伏材料又称太阳能电池材料，只有半导体材料具有这种功能。可作为太阳能电池材料的材料有单晶硅、多晶硅、非晶硅、GaAs、GaAlAs、InP、CdS、CdTe 等。用于空间的有单晶硅、GaAs、InP；用于地面已批量生产的有单晶硅、多晶硅、非晶硅。

单晶硅是一种比较活泼的非金属元素，是晶体材料的重要组成部分，处于新材料发展的前沿。其主要用途是用作半导体材料和利用太阳能光伏发电、供热等。由于太阳能具有清洁、环保、方便等诸多优势，近三十年来，太阳能利用技术在研究开发、商业化生产、市场开拓方面都获得了长足发展，成为世界快速、稳定发展的新兴产业之一。

多晶硅是单质硅的一种形态。熔融的单质硅在过冷条件下凝固时，硅原子以金刚石晶格形态排列成许多晶核，如这些晶核长成晶面取向不同的晶粒，则这些晶粒结合起来，就结晶成多晶硅。利用价值：从目前国际上太阳能电池的发展过程可以看出其发展趋势为单晶硅、多晶硅、带状硅、薄膜材料。

非晶硅也称无定形硅，是单质硅的一种形态，棕黑色或灰黑色的微晶体。硅不具有完整的金刚石晶胞，纯度不高，熔点、密度和硬度也明显低于晶体硅；化学性质比晶体硅活泼；可由活泼金属（如钠、钾等）在加热下还原四卤化硅，或用碳等还原剂还原二氧化硅制得。采用辉光放电气相沉积法就可得到含氢的非晶硅薄膜。

3. 建筑遮阳新产品

随着国家对建筑节能的不断推广，消费者的建筑节能意识也在不断提升，从而促使遮阳行业发生了很大变化。随着遮阳技术、遮阳用材料技术、计算机和信息技术和传感器技术的飞速发展，建筑遮阳产品呈现出建筑一体化遮阳、智能遮阳、自动调光遮阳、光热耦合智能遮阳、光伏一体化遮阳等新产品。

（1）建筑遮阳一体化双层门窗产品

一体化遮阳窗是指将遮阳系统主要受力构件和传动受力装置与窗主体结构材料和窗主要部件设计、制造、组装成一体的外窗产品。集户外遮阳卷帘、铝合金隔热断桥窗和隐形折叠纱窗的结合体，简称遮阳一体化窗。将防蚊虫、隔热保温、隔声减噪、安全防盗等多功能融为一体，节省了空间，降低了多次安装的费用，节约成本。遮阳系统主要受力构建或传动受力装置与窗主体结构材料或与窗主要部件设计、制造、组装、安装施工成一体，如图8.8所示。

（2）智能幕墙遮阳产品

智能幕墙遮阳是呼吸式幕墙的延伸，是在智能化建筑的基础上对建筑配套技术（暖、热、光、电）的适度控制，通过幕墙材料、膜材料、太阳能光伏的有效利用，通过计算机网络进行有效地调节室内空气、温度和光线，从而节省了建筑物使用过程的能源，降低了生产和建筑物使用过程的费用（见图8.9）。它包括以下几个部分：呼吸式幕墙、通风系统、遮阳系统、空调系统、环境监测系统、智能化控制系统等。智能型呼吸式幕墙的关键在于智能控制系统，是从功能要求到控制模式，从信息采集到执行指令传动机构的全过程控制系统。它涉及气候、温度、湿度、空气新鲜度、照度的测量，取暖、通风空调遮阳等机构运行状态信息的采集及控制，电力系统的配置及控制，楼宇计算机控制等多方面因素。

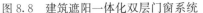

图8.8　建筑遮阳一体化双层门窗系统　　　　图8.9　智能幕墙遮阳

（3）光伏遮阳一体化产品

光伏遮阳一体化系统是将太阳能光伏技术与传统的遮阳装置结合在一起的新型技术，可以实现发电、遮阳、装饰等多功能的和谐统一。光伏遮阳系统既可以把遮阳板上投射的太阳辐射转化为清洁能源——电能进一步利用，光伏构件还可以遮挡太阳辐射经建筑外围护结构传入室内，有效阻止太阳辐射热导致的室内空气、墙面、地面等表面温度升高，节约建筑夏季的空调能耗。光伏遮阳系统目前主要的实现形式有光伏屋顶、光伏幕墙、光伏遮阳、光伏雨篷等，如图 8.10 所示。

图 8.10　光伏与建筑遮阳一体化

（4）自控百叶遮阳产品

光热耦合自控百叶遮阳系统由活动垂直或水平遮阳百叶、电机、传动机构和光控及温控系统组成，根据室外太阳的高度角、方位角和照度与室内照度需求耦合控制转动遮阳构件，调节光线进入室内的光照量，结合室内工作人员的行为模型，精确控制室内光热耦合环境，如图 8.11 所示。

（5）追光反射式遮阳板产品

太阳直射光线中射到窗户 2/3 以下高度部分的光线被反射式遮光板遮蔽，而其余部分的光线则会被反射式遮光板尾部反射进入室内。当室内照度过低，需要自然采光的时候，反射式遮光板将被调整呈水平状态，可以将太阳光最大限度地反射进入室内（见图 8.12）。

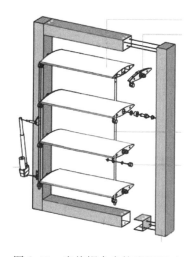

图 8.11　光热耦合自控遮阳百叶　　　　图 8.12　追光反射式遮光板

（6）智能折叠活动遮阳产品

采用自控折叠式遮光板遮阳，由活动垂直或水平遮阳折叠板、电机、传动机构和光控及温控系统组成。这种方式结合了活动百叶的可调性与室内光和热的自由转换，对光线和得热的控制更为灵活，而且对于建筑立面非既定构图的表达增添了一种表达方式（见图 8.13）。

图 8.13　智能折叠活动遮阳板

（7）电致变色玻璃遮阳产品

电致变色玻璃通过改变玻璃对可见光的透过率实现对室内照度的调节，大幅度减少或消除眩光和过度的太阳辐射，从而对室内光环境、热环境以及空调和照明能耗产生有益的影响，提高室内环境的舒适度（见图 8.14）。

图 8.14　电致变色玻璃遮阳效果图

（8）变色膜遮阳产品

智能视膜（Smart Film）调光玻璃窗是指建筑外窗的玻璃为调光玻璃。调光玻璃是一款将液晶膜复合进两层玻璃中间，基于 PDLC 液晶技术，在两片玻璃之间夹一层 PDLC 智能视膜，在电压作用下，中间液晶层分子的取向变得规整，从而使玻璃的颜色由不透明变为透明（见图 8.15）；是经高温高压胶合后一体成型的夹层结构的新型特种光电玻璃产品。使用者通过控制电流的通断来控制玻璃的透明与不透明状态。玻璃本身具有安全玻璃的特性，用户可根据需要进行调节，起到遮阳的功能。

图 8.15　智能视膜调光玻璃效果图

8.3　建筑遮阳认证与技术保险管理

8.3.1　建筑遮阳认证必要性

国务院办公厅发布《关于印发消费品标准和质量提升规划（2016—2020 年）的通知》（国办发〔2016〕68 号），旨在提升消费品标准和质量水平，确保消费品质量安全，扩大有效需求，提高人民生活品质，夯实消费品工业发展根基，推动"中国制造"迈向中高端，有力推动"中国制造 2025"顺利实施，为经济社会发展增添新动力。建筑遮阳产品通过国际或国家标准化组织制定的质量管理体系国际标准或国家标准认证，产品质量、功能、技术被越来越广泛的国家公众认可和接受，成为企业和产品赢得客户和消费者信任的基本条件，也是企业产品打破各国设置的贸易壁垒，进入国际市场的重要"武器"。

8.3.2　国外建筑遮阳认证制度

认证体系是指企业通过一个第三方机构对企业的管理体系或产品，进行第二方评价。该机构必须是独立的、公正的、权威的。世界上最早的国际标准化机构是国际电工委员会（IEC）、国家标准化协会的国际联盟（ISA）等。1946 年，来自 25 个国家的代表在伦敦成立一个新的国际组织 ISO，其目的是促进国际合作和工业标准的统一。

目前发达国家实行认证的市场准入制度在科学性、合理性、实用性、诚信度等方面已被多数国家认可，是国际化大趋势。主要的几种市场准入制度有欧盟的 CE 认证，美国的 ICC-ES，UL 认证，日本的 JIS、PSE 认证，加拿大的 CSA 认证和俄罗斯的 GOST 认证等，CE 认证是最为完备的技术体系之一。

"CE"是法文"Conformité Européene"的缩写，其意为"符合欧洲（标准）"。根据不同指令规定的，输入欧盟市场的大部分产品都必须加贴 CE 标志，才能在欧盟市场上销售。产品上没有 CE 标志将被视为违法行为。因此 CE 标志成为产品进入欧盟市场必需的通行证，是任何一个欧盟成员国强制性地要求产品必须携带的安全标志。欧洲是世界上最大的贸易市场，约占世界贸易额的 1/3。CE 标志涉及欧洲市场 80％的工业和消费品，70％的欧盟进口产品。28 个欧洲国家强制性地要求产品必须携带 CE 标志。CE 标志的特点及用法——CE 标记是一个特定的标志，可以按一定比例放大和缩小，如图 8.16 所示。

图 8.16　"CE"认证标准

欧洲是我国遮阳产品出口的主要市场，而进入欧洲市场必须通过欧盟的强制性认证，即 CE 认证。外遮阳产品执行建筑指令，ConstructionProducts Directive（89/106/CEE）；电动遮阳产品还需执行机械指令，Machinery Directive 98/37/EC。EN13659—2009 和 EN 3561—2009 附录中对外遮阳产品的 CE 认证有明确的要求。

建筑指令（89/106/CEE）的要求列入 CE 强制性认证目录的建筑产品有 40 余种，部分建筑遮阳产品也纳入 CE 强制性认证产品的范畴。自 2006 年 4 月 1 日起，欧盟对所有的建筑外遮阳产品实施 CE 强制性认证，要求产品进行抗风压性能测试，并要求生产厂家通过自我声明的形式提供产品的抗风压性能等级。遮阳产品 CE 的标志通常包括生产厂家名称、注册地址、产品名称、执行标准、产品使用位置和抗风压等级等内容。

8.3.3 我国建筑遮阳认证制度

2001 年 12 月 3 日，我国政府为兑现入世承诺，为保护消费者人身安全和国家安全，加强产品质量管理，依照法律法规实施了产品合格评定制度——《强制性产品认证管理规定》。此评定制度是由中国国家监督检验检疫总局和国家认证认可监督管理委员会一起对外发布的，对列入目录的 19 类 132 种产品实行"统一目录、统一标准与评定程序、统一标志和统一收费"的强制性认证管理。将原来的"CCIB"认证和"长城 CCEE 认证"统一为"中国强制认证"（英文名称为 China Compulsory Certification），其英文缩写为"CCC"，故又简称"3C"认证，如图 8.17 所示。

图 8.17 "3C"认证标准

我国第一批 CCC 强制性产品认证目录中主要包括 19 类 132 种产品，其中建筑产品仅涉及建筑消防产品和建筑安全玻璃。而在国外如欧盟有 40 余种建筑产品列入 CE 强制性认证目录。随着国际形势发展和国内生产实际的需要，涉及建筑领域的强制性产品目录需要逐渐扩大，2004 年年初我国要求对建筑领域的装饰装修产品（溶剂型木器涂料、瓷质砖和混凝土防冻剂）实施强制性产品认证。为了满足建筑节能发展的需求，我国发展建筑遮阳必须走一条通过法规、标准强制，然后逐渐完善走到强制执行 CCC 认证的道路。要借鉴国外的成功经验，加快行业检测组织的步伐，真正按照市场经济的要求培育和发展检测服务机构，发挥其在政府和企业之间的协调、服务作用，提高第三方检测机构的素质。按照市场经济发展的需要和国际惯例，重新分析和认识原有的建筑产品领域质量管理与评价制度，并且在此基础上进一步完善建筑产品领域的管理和评价制度。

8.3.4 建筑遮阳技术保险管理

在企业和产品市场拓展过程中不可避免地存在各种风险，保险管理是企业在社会经济活动中应对风险的重要保障制度，是企业社会生产和社会生活"精巧的稳定器"。在标准体系成熟之时，借鉴国外先进认证和保险管理经验，推动建筑遮阳在我国实现认证与保险制度的良性循环和发展，对促进建筑遮阳行业发展具有重要作用。

8.3.4.1 国外建筑工程保险制度

建筑工程质量保险制度源于法国，作为国际通行的建筑工程风险管理方式，建筑工程质量保险按照内容可以划分为缺陷险和责任险两部分。缺陷保险部分的保险标的是建筑本身，投保人因其所建工程有质量缺陷而产生对工程本身的赔偿责任，隶属于财产险范畴，投保人多为开发商，受益人为业主。责任保险部分是工程承包商对于给业主提供适用建筑物的法律责任。勘察设计施工方对自己的责任投保，隶属于责任险范畴。

法国于 1978 年开始对建筑工程实行并规范保险制度，目前法国对公共建筑、高耸式建筑和复杂建筑强制要求工程保险和质量控制，被保险建筑的质量结构可靠安全性期限为 10 年，建筑内部的机电设备保证良好运行 2 年。英国建筑保险主要由 NHBC 负责，建筑物保险期限为 10 年。意大利通过 Merloni 法律议案要求政府工程必须强制投保建筑工程质量保险。美国的保险市场针对业主、承建商、技术人员、产品生产商等工程建设各环节可能产生问题的责任方。保险公司在很多情况下不予服务，例如使用无认证产品、未按照规定取得许可证等，这使得相关利益方为获得保险而必须按照标准和技术法规的要求进行各项活动，从而有效控制了工程质量和产品质量。日本建筑工程保险有着良好的需求基础，工程的投保是法律强制和企业自愿的结合，由国家的保险监督机构和建设行业协会共同监管，再加上其本身的内部需求，使得日本建筑工程保险的投保率超过 98%。

8.3.4.2　我国建筑遮阳产品的认证与保险

我国目前已建立一批具有专业资质的建筑产品检测机构，具体有：国家建筑工程质量监督检验中心（国家建筑节能质量监督检验中心）、上海建筑科学研究院实验室、中国建筑材料检验认证中心实验室、中建建筑节能检测中心、广东省建筑科学研究院实验室等。

目前建筑遮阳产品的认证中心有：中国建筑标准设计研究院认证中心（CBSC）、中国建筑科学研究院认证中心（CABR）、中国建筑材料检验认证中心（CTC）、北京康居认证中心（KCPC）。

从企业规模、标准规范的建立、产品推广、产品的检测、机构的设置等方面来看，我国建筑遮阳产品认证条件已基本具备，推行建筑遮阳产品认证势在必行。

现代工程采取较为灵活的保险策略，既保险范围、投保人和保险责任可以在业主和承包商之间灵活确定。除了建筑工程意外险以外，还有建筑工程质量保险，该保险是为了确保建筑工程质量而推出的，在建筑过程中保险公司就会存在而且参与到建筑工程的施工过程中进行指挥和指导，在确保施工质量的同时还对事后的补救采取措施。

我国也有相关的保险险种与工程配套应用，但是如何像国外一样重视保险、重视认证是我国建筑遮阳产品未来可走的一条稳健踏实的路线，利用权威认证机构对于建筑遮阳产品生产过程的控制，包括原材料采购的控制、生产过程控制、成品出厂控制、不合格品处置，证明其保证产品一致性的能力，未来也许针对某项工程的某项具体要求，开展节能等专项认证，通过第三方机构的监控检查，从源头上保证产品质量。这不仅是强制性与资源性的区别，更是自觉与守信的取证。当然认证机构的专业性、职业素养性、公平公开性首先要进行保证，进而保证被认证产品的真实可靠性。在产品有了保证的同时，切实地应用保险制度来保证建筑遮阳产品的工程质量。此外，保险公司采信制度亦可与认证相结合。对于被保险产品工程的保证，是提高未来我国建筑遮阳产品及工程质量的有效手段，行业的认证及保险制度也是未来的必经之路，更是与国际接轨，学习先进经验的重要体现。

8.4　小结

经过 20 多年的努力，我国建筑遮阳产业从无到有，从小到大，从弱到强，各地建设和引进了多条生产线，包括各种面料和构配件生产、成品装配等生产线，发展十分迅速。各种技术复杂、自动控制程度很高的遮阳产品，甚至世界先进水平的高端遮阳产品在我国都能生产。随着海外遮阳工程和产品国际竞标的不断中标，我们在很多发达国家和发展中国家完成了多项遮阳工程，做得十分出色。

为了推动建筑遮阳的发展，现在在我国一些地区的建筑节能设计标准中，已明确规定公共建筑和居住建筑必须设置遮阳，并作为强制性要求。国家还发布了建筑遮阳工程技术规范和产品标准，包括各类遮阳产品技术性能标准和检测方法标准，初步形成了建筑遮阳标准体系。建筑遮阳产品系列标准的编制和发布，为建筑遮阳技术和产品在我国的广泛应用创造了有力的支撑，使得建筑遮阳研究、设计、施工和检测水平都有明显提高。

为了赶超世界建筑遮阳先进水平，促进建筑遮阳产业和遮阳产品在我国的推广应用，推动建筑遮阳产品标准的应用和实施，本指南系统梳理我国现行建筑遮阳技术、遮阳构件、遮阳产品标准的发展历史，以及遮阳技术和标准体系的形成历程，遮阳的分类，建筑遮阳用材料的对应标准、材料分类、性能及测试方法，建筑遮阳用配件及控制系统的性能要求和技术指标，建筑遮阳产品性能测试的标准、实施条件和技术要求，建筑遮阳设计的标准、指标以及计算方法，建筑遮阳施工、验收及保养与维护的实施细节要求，建筑遮阳工程成功实例及建筑遮阳行业、技术和材料、保险与认证发展的前景。从建筑节能贡献及生活品质提升的角度，就建筑遮阳标准中技术性能及检测方法给出可供借鉴的操作办法，指导建筑遮阳设计、生产及在工程施工安装中的科学合理应用，促进建筑遮阳产品标准的实施。

要促进建筑遮阳行业的健康可持续发展，政府在宏观政策制定与行业激励原则方面要积极努力做到以下几点：（1）将可持续发展、节能减排确立为基本国策，建筑行业节能减排为重要领域之一；（2）将建筑遮阳纳入建筑行业节能减排的宏观战略之中；（3）政府和相关部门编制一系列完整的建筑遮阳的技术规范、条例，以标准引领技术和产品的发展；（4）重视建筑遮阳行业创造就业机会的作用；（5）政策倾斜和资助建筑遮阳行业从业人员技术培训；（6）重视既有建筑节能改造工程中的遮阳应用；（7）支持建筑遮阳科研与技术创新。

本章参考文献

[1] 林立身著. 中国建筑节能技术辨析. 北京：中国建筑工业出版社，2016.

[2] EN 13659：2009 Shutters-Performance requirements including safety.

[3] EN 13561：2009 External blinds-Performance requirements including safety.

[4] 顾泰昌. 遮阳产品认证可行性分析. 中国住宅设施，2012，8：36-39.

[5] 刘翼，蒋荃. 欧洲建筑遮阳产品认证技术简述. 门窗，2011，7：38-40.

[6] 林立身，江亿，燕达，彭琛. 我国建筑业广义建造能耗及 CO_2 排放分析. 中国能源，2015，3：5-10.

[7] 李峥嵘，赵群，展磊. 建筑遮阳与节能. 北京：中国建筑工业出版社，2008.